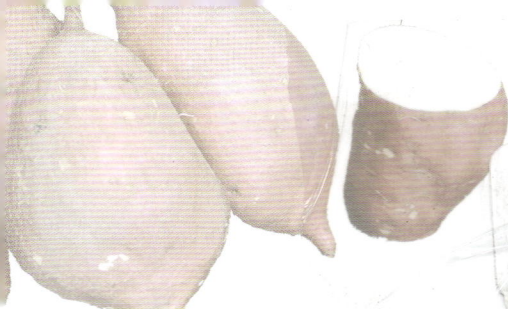

甘薯绿色高产高效种植技术

尹秀波 李俊良／主编 （第二版）

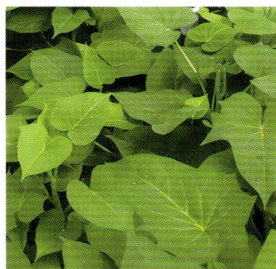

中国农业出版社

北 京

图书在版编目（CIP）数据

甘薯绿色高产高效种植技术 / 尹秀波, 李俊良主编.
2版. -- 北京：中国农业出版社，2024.10. -- ISBN
978-7-109-32273-8

Ⅰ.S531

中国国家版本馆CIP数据核字第2024NA0587号

————————————————————————————

中国农业出版社出版

地址：北京市朝阳区麦子店街18号楼

邮编：100125

责任编辑：魏兆猛

版式设计：杨　婧　　责任校对：吴丽婷　　责任印制：王　宏

印刷：北京通州皇家印刷厂

版次：2024年10月第2版

印次：2024年10月北京第1次印刷

发行：新华书店北京发行所

开本：880mm×1230mm　1/32

印张：4.5

字数：120千字

定价：35.00元

第二版编委会

第一版编委会

主　　编　尹秀波　李俊良

编写人员（以姓名拼音为序）

　　　　　房增国　郝庆照　李俊良　梁　斌　梁素娥

　　　　　王　萌　王广莲　殷复伟　尹秀波　于安军

第二版前言

甘薯具有超高产特性和广泛适应性，是我国重要的粮食作物，也是工业原料、饲料和新型能源作物。甘薯富含多种活性成分，营养全面均衡，是世界卫生组织推荐的健康食品，种植效益突出，它不仅是保障国家粮食安全的底线作物，更是当前发展特色产业、助力乡村振兴的优势作物，在农业增效、农民增收、产业振兴等方面发挥了重要作用。我国是世界上最大的甘薯生产国，常年甘薯种植面积占世界甘薯种植面积的35%以上，总产占世界甘薯总产的60%以上，单产是世界甘薯单产的3倍，种植面积、总产量、单产均居世界首位。随着我国国民经济的持续发展，种植业结构不断调整和优化，市场对甘薯的需求也逐渐向多元化、专用化方向发展，如淀粉加工型、鲜食及食品加工型、色素加工型、茎叶菜用型等多种类型甘薯深受广大民众喜爱。可以说，甘薯在保障国家粮食安全和满足不同需求方面的作用日益凸显。

我们在大量试验示范的基础上，认真总结甘薯的关键栽培技术，从育苗、栽植、管理到收获，形成了一套完整的优质高产栽培技术体系，在栽培技术研究方面注重开展优质、高产、高效的新型标准化栽培模式，以提高甘薯生产水平、增加薯农经济收入为目的。本书重点介绍了甘薯主要品种、甘薯绿色高产高效栽培技术、甘薯地膜覆盖栽培技术、甘薯轻简化栽培与水肥一体化技术、甘薯病虫害防治技术等内容，其技术指标和技术规程具有准确性、科学性和实用性等特点。

本书是在第一版基础上进行创作的，重点补充了新品种新技术。全书内容深入浅出，通俗易懂，技术简明，可操作性强，农民能看得懂、学得会、用得上，易操作、见成效。

本书在编写过程中，吸收了一些专家的研究成果，参考了许多文献资料，在此一并表示感谢。鉴于时间和水平有限，书中难免有错漏之处，敬请同行专家和广大读者批评指正。

编　者

2024年1月

第一版前言

　　甘薯是我国主要粮食作物之一，种植面积仅次于玉米、水稻和小麦。甘薯适应性强，耐瘠薄、耐干旱，高产、稳产；甘薯用途广，既可食用，又可作饲料和工业原料，是重要的粮食、饲料、工业原料及新型能源作物，也是当前种植业结构调整中的高产高效作物。适度发展甘薯产业符合农业转型升级、结构调整的大政方针。

　　编者在大量试验示范的基础上，认真总结甘薯栽培新技术，从育苗、栽植、管理到收获，形成了一套完整的优质高产栽培技术体系；在栽培技术和新型标准化栽培模式上，以期提高生产水平，增加薯农经济收入。本书重点介绍了甘薯的生产价值、甘薯的优良品种、甘薯优质高产栽培技术、脱毒甘薯高产栽培技术、甘薯轻简化栽培与水肥一体化技术、甘薯病虫害防治技术等实用技术，其技术指标和技术规程具有准确性、科学性和实用性的特点。全书编写内容深入浅出，通俗易懂，技术简明，可操作性强，广大甘薯种植户能看得懂、学得会、用得上。

　　本书在编写过程中，吸收了一些专家的研究成果，参考了许多文献资料，同时也得到山东省薯类产业创新团队栽培与土肥岗位（SDATI-15-08）资金的支持，在此一并表示感谢。

编　者

2016 年 11 月

目录

一、概　述

（一）甘薯的起源及分布

甘薯，又称红薯、番薯、地瓜、白薯、红苕等，起源于南美洲的秘鲁、厄瓜多尔和墨西哥一带，世界上共有110多个国家和地区种植甘薯，是世界第七大作物，主要产区在北纬40°以南，亚洲、非洲、南美洲等国家分布较广。

我国自明朝万历年间，由广东、福建等地经水、陆多渠道引入甘薯，在清乾隆初期传入山东。甘薯在我国分布很广，从北纬18°到北纬48°，从沿海平原到海拔2 000多米的云贵高原，均有甘薯种植。其中，种植面积较大的有四川、重庆、河南、山东、广东、安徽等地。

（二）甘薯的生产情况

甘薯属旋花科一年生或多年生蔓生草本作物，是喜光的短日照作物，性喜温，不耐寒，较耐旱。甘薯根可分为须根、柴根和块根3种形态。其中，块根（图1）是贮藏养分的器官，也是供食用的部分，分布在5～25厘米深的土层中，先伸

图1　甘薯块根

长后长粗，其形状、大小、皮肉颜色等因品种、土壤和栽培条件不同而有差异，分为纺锤形、圆筒形、球形和块形等，皮色有白、黄、红、淡红、紫红等颜色，肉色可分为白、黄、淡黄、橘红、紫等颜色（图2）。生产上利用甘薯茎的再生能力进行繁殖。

图2　薯肉颜色丰富多彩

　　甘薯的叶为单叶，只有叶、叶柄，没有托叶，属不完全叶，具有全心形、掌状、戟形、三角形、鸡爪形等形状（图3）。甘薯花形较小（图4），开花习性受品种及环境条件的影响很大，是异花授粉作物，自然杂交率达90%以上，自交结实率极低或不结实。甘薯果实为圆形或扁圆形的蒴果，果皮幼嫩时为绿色或紫色，成熟时变成枯黄色或褐色。每个蒴果含1～4粒种子（黄褐色或黑色），种子呈圆形、半圆形或不规则三角形（图5）。

　　我国是世界上最大的甘薯生产国。2022年我国甘薯种植面积3 975.78万亩*，约占世界甘薯种植面积的37%；总产1 189.13万吨，约占世界甘薯总产的64%；鲜薯单产1 495.40千克/亩。种植面积、总产量、单位面积产量均居世界首位。

　　在种植区划上，我国甘薯产区传统上分为北方薯区、长江中下游薯区和南方薯区等三大薯区；在生产的优势区域方面，根据甘薯的加工用途和市场定位，逐渐形成了四大优势主产区，主要

---

　　*　亩为非法定计量单位，1亩=1/15公顷。——编者注

图3　甘薯叶的形态

图4　甘薯花

图5　甘薯种子

包括北方淀粉用和鲜食用主产区、长江中下游食品加工用和鲜食用主产区、西南加工用和鲜食用主产区、南方鲜食用和食品加工用主产区。

　　山东省是我国甘薯主产区之一，20世纪50年代后期至70年代，甘薯曾是山东省的主要粮食作物，全省常年种植2 500万亩左右。进入80年代，由于种植业结构的调整，种植面积大幅下降，2016

年之后低于200万亩。2023年，山东省甘薯种植面积188.6万亩，总产107.7万吨，鲜薯单产2 855.5千克/亩，居世界首位，约是全国平均单产的2倍、世界的3倍。

（三）甘薯的营养价值

甘薯属于低脂、低热量、高纤维食品，富含胡萝卜素，维生素B_1、维生素B_2和维生素C，以及钙、钾、硒、铁等元素。据化验，每100克鲜薯中含碳水化合物29克、蛋白质2.3克、脂肪0.2克、粗纤维0.5克、无机盐0.9克（其中钙18毫克、磷20毫克、铁0.4毫克）。此外，甘薯的维生素含量丰富，每千克鲜薯含维生素C 300毫克、维生素B_1 0.4毫克、维生素B_2 5毫克。甘薯维生素B_1和维生素B_2含量为面粉的2倍，维生素E含量为小麦的9.5倍，纤维素含量为面粉的10倍。另外，甘薯还是独特的碱性食物，具有促进和保持人体血液酸碱平衡的功能，与其他粮食作物相比有其独特的优点。菜用甘薯是世界卫生组织（WHO）评选出来的"十大最佳蔬菜"的冠军。日本、中国台湾把甘薯称为"长寿食品"。菜用甘薯被誉为"皇后菜"（图6）。

图6　菜用甘薯加工的菜品

美国公共利益科学中心（CSPl）的营养学家通过对多种常见蔬菜研究发现，甘薯含有丰富的食用纤维、碳水化合物、维生素、矿物质等人体必需的重要营养成分，在所分析的蔬菜等食物中名列第一（表1）。

表1　13种常见蔬菜的营养指数

食物类别	营养指数	食物类别	营养指数	食物类别	营养指数
烤甘薯	184	烤冬瓜、南瓜	44	番茄	27
烤马铃薯	83	白菜	34	青椒	26
菠菜	76	绿豌豆	33	青花菜	25
甘蓝	55	胡萝卜	30		
花椰菜	52	嫩玉米	27		

（四）甘薯的工业价值

近年来，随着食品加工业和发酵工业的发展，利用甘薯作为原料的工业已遍及食品、化工、医疗、造纸等多个门类，涉及甘薯制成品达400多种。甘薯同化效率高，在国外已被用作能源作物，以甘薯为原料生产的酒精可作为石油的代用品，每吨薯干可生产酒精90千克。

以薯干为原料生产的果脯糖浆，可以在糕点中代替蔗糖，用甘薯果脯糖浆制成的糕点，色、香、味均优于蔗糖糕点，可防止食品干燥、变硬；在饮料中加入甘薯果脯糖浆，还可避免因食用蔗糖引起的疾病等；糖果及饮料中的柠檬酸也是以薯干为原料制成的，除满足国内需要外，当前我国生产的柠檬酸还有部分出口；此外，甘薯渣制造的天然色素用于食品着色，可避免合成色素对人体健康的危害。

近年来，在纺织工业中可用甘薯淀粉代替精粉浆纱，1千克淀粉可代替3千克精粉；以薯干作原料还可生产味精，每吨薯干可生产味精150～200千克，大大降低了生产成本；利用甘薯淀粉制造的甘氨酸，其甜味是蔗糖的35倍，可以取代糖精；以薯干为原料提取赖氨酸，可补充一般食品中缺乏的赖氨酸，补充到饲料中，可提高饲料营养价值；用薯干制成的色氨酸可进一步转化成乙酸，既可作为肥料又可当作植物生长活性物质，可提高果品及蔬菜的品质。

以薯干作为原料生产的乳酸，可以广泛应用于食品等领域；从薯干中提取的衣糖酸是合成纤维的基本原料，还可用于改进油漆性能；用薯干淀粉制作的磷酸淀粉，可作为一种胶黏剂，具有黏度大、产品纯净、性能稳定、不易脱水收缩等优点；淀粉经发酵可制成普鲁士蓝，处理后可制成透明薄膜，无味无毒，可用于食品包装；将甘薯淀粉制成的阳离子淀粉掺入纸浆中，可改善纸张的物理性能，增强纸张的拉力；甘薯淀粉还可制成多孔环状糊精，可作为农药或化妆品的包装；还可利用鲜薯制作工业锅炉除垢剂，这种除垢方法成本低、操作简便、深受欢迎。

（五）甘薯的药用及保健价值

甘薯俗称"土人参"，是一种保健食品，经常食用甘薯可以起到健身防病、延年益寿的作用。

甘薯中纤维素含量高达7%～8%，进入人体后可刺激肠壁，加快消化道蠕动并吸收水分，有助于排便。甘薯中矿物质（如钾、钙、铁、镁、钠等）含量也非常丰富。据报道，甘薯钾含量高，经常食用甘薯可以减轻因过分摄取盐分而带来的危害。由于甘薯钙含量显著高于大米、面粉等，同时磷、镁、碘等含量也较高，且含有多种维生素和氨基酸。因此，主食配以甘薯，则可以弥补营养物质摄入不均衡。

甘薯还是一种美容食品。有研究发现，甘薯中含有类似雌性激素的物质，进入人体后对皮肤特别有益，能使皮肤滋润、柔软，具有良好的美容功效。此外，甘薯还具有减缓动脉硬化、避免心脑血管疾病、控制血糖、抗糖尿病等多种生理作用。

（六）甘薯的饲料价值

甘薯的块根和茎叶中均含有丰富的营养成分，可作为畜牧业良好的饲料。据分析，甘薯干茎叶含粗蛋白0.2%，比干花生秧粗蛋白含量稍高，比干谷草粗蛋白含量高1倍；甘薯秧中粗脂肪的含量为2.6%，比苜蓿草粗脂肪含量高0.3%，比谷草粗脂肪含量高0.7%；鲜薯块中除含有15%～20%的淀粉外，还含有比较丰富的粗蛋白、糖类及纤维素，薯块、茎叶或工业加工后的副产品，如淀粉、糖渣、酒糟等，通过简单加工制成各种饲料，如青贮饲料、混合饲料和发酵饲料等，不仅能提高饲料的营养价值，还可以延长饲料的供应期。

（七）甘薯的绿化价值

甘薯还是新型的环境绿化植物。有的甘薯品种叶片色彩丰富、叶形多种多样，可作为城市绿化、园林造景植物，可单独或与其他花卉植物等共同造景（如花坛、公路隔离带、植物墙等），也可用于盆栽观赏（图7），少部分品种还可以用于插花。

图7　甘薯盆景

（八）甘薯在农业生产中的作用

甘薯高产、稳产，抗旱耐瘠，适宜在山区丘陵和平原旱地的沙土或沙壤土上种植。近年来，随着甘薯新品种选育、种质资源保存创新、甘薯高效栽培技术研究及新品种示范推广进程的加快，甘薯产量和品质都有了较大幅度的提高，特别是脱毒甘薯栽培技术的推广应用，使得甘薯的增产潜力得到充分发挥，有的地块产量高达5 000 ～ 6 000千克/亩，经济效益显著。当前，甘薯不仅是土壤贫瘠地区的主要作物，还是种植效益显著的优势作物，在助力乡村全面振兴中发挥了重要作用（图8）。

图8　甘薯产业在乡村全面振兴中发挥作用

二、甘薯主要品种

选用适合本地区种植的甘薯优良品种，是一项提高单位面积产量，夺取高产、稳产的最经济有效的措施，也是改进品质、抵抗病虫害的良好途径。为此，我国先后培育出数以百计的具有不同特性、不同用途的新品种，在各地推广应用。这些新品种在生产上发挥了显著的增产作用。

甘薯品种根据用途可分为淀粉加工型品种、鲜食及食品加工型品种、色素加工型品种、菜用型品种等。

选用甘薯品种应注意以下几点：一是适应性，要选用生育期适宜并适合当地肥水条件的品种；二是专用性，要根据用途和市场需求选用适宜品种；三是抗性，应选用抗病性、抗逆性强的品种。

现选择一些目前各薯区种植面积比较大的，或是近年新育成的有推广前途的品种介绍如下：

（一）淀粉加工型品种

这类品种主要用于淀粉提取和淀粉制品生产，要求甘薯淀粉含量高，一般春薯淀粉含量超过22%，夏薯或秋薯淀粉含量超过16%。不同品种之间淀粉的含量差别很大，加工淀粉的甘薯应选出粉率高的品种。

1. 商薯19

（1）品种来源。商薯19（图9）是1996年河南省商丘市农林科学研究所以SL-01作母本、豫薯7号作父本有性杂交选育而成的甘薯品种。

（2）特征特性。该品种顶叶微紫色，地上部其他部位均为绿色，成叶心形带齿，中短蔓型，蔓长1～1.5米，基部分枝8个左右，顶端无茸毛；薯块纺锤形，薯皮紫红色，薯肉白色；萌芽性好，茎叶生长势强，结薯早而集中，单株结薯2～4块，结薯整齐集中；鲜薯干物率32.8%，干基淀粉率71.4%，粗蛋白含量4.07%，可溶性糖含量14.53%；不开花，为春夏薯型；高抗甘薯根腐病，抗甘薯茎线虫病，高感甘薯黑斑病。

（3）产量表现及适宜范围。春薯鲜薯亩产4 000千克左右，薯干亩产1 000千克左右。该品种突出特点是适应性广，淀粉含量高，适宜在北方薯区作春、夏薯种植，不宜在黑斑病易发地块种植，是目前北方薯区主要的淀粉型甘薯品种。

图9　商薯19

2. 济薯25

（1）品种来源。济薯25（图10）是2006年山东省农业科学院作物研究所以济01028为母本放任授粉后集团杂交选育而成，2015年通过山东省农作物品种审定委员会审定，2018年获农业农村部品种登记［GPD甘薯（2018）370050］。

（2）特征特性。该品种萌芽性较好；叶片心形，顶叶、叶、叶脉均为绿色，脉基紫色，茎蔓绿色；结薯整齐、集中，薯形纺锤形，薯皮紫色，薯肉淡黄色，薯干白而平整；耐贮性好。区域试验结果：蔓长196.6厘米，分枝6～7个，大中薯率高；淀粉黏度大，非常适合加工粉条，加工成的粉条不易断条、光滑、耐煮、有弹性；丘陵山地春薯烘干率为38%～41%，夏薯烘干率为32%～35%，比对照品种徐薯22高4个百分点；耐贮性好；高抗根腐病，抗蔓割病，较抗黑斑病，高感茎线虫病。

（3）产量表现及适应范围。春薯鲜薯亩产2 500～3 000千克，薯干亩产1 000～1 200千克。近年来，济薯25在国家甘薯产业体系高产竞赛中多次获得北方区淀粉组冠、亚、季军，最高鲜产达到4 500千克/亩，薯干亩产1 600千克。在适宜地区作春、夏薯种植，不宜在茎线虫病重发地种植。

图10　济薯25

3. 徐薯22

（1）品种来源。徐薯22（图11）是1995年江苏徐州甘薯研究中心以豫薯7号为母本、苏薯7号为父本通过有性杂交选育而成，2003年通过江苏省农作物品种审定委员会审定，2005年通过国家甘薯鉴定委员会鉴定（国鉴甘薯2005007），2018年获农业农村部品种登记 [GPD甘薯（2018）320061]。

（2）特征特性。该品种萌芽性好，出苗快而多，薯苗健壮，采苗量多；顶叶绿色，茎绿色，叶呈心脏形略带缺刻，叶脉淡紫色；蔓长中等，地上部长势强；薯块下膨纺锤形，薯块膨大较快，红皮白肉，结薯较集中，单株结薯4～5个，大中薯率高；烘干率35.0%左右，淀粉率21.0%左右，粗蛋白含量5.0%左右，可溶性固形物含量9.0%左右；中抗根腐病和茎线虫病，不抗黑斑病，耐涝渍。

（3）产量表现及适宜范围。徐薯22夏薯鲜薯亩产2 300千克左右，薯干亩产700千克左右。淀粉含量比对照品种徐薯18和南薯88分别提高11.00%和19.07%。适宜在我国长江流域薯区和北方薯区推广种植。

图11　徐薯22

4. 烟薯29

（1）品种来源。烟薯29（图12）是2009年山东省烟台市农业科学研究院以烟薯24作母本，通过改良集团杂交选育而成，2016年通过全国品种鉴定委员会鉴定（国品鉴甘薯2016001），2018年获农业农村部品种登记 [GPD甘薯（2018）370034]。

（2）特征特性。该品种萌芽性较好；中短蔓，分枝数6～7个，茎蔓中等；叶片心形，顶叶黄绿色带紫边，成年叶、叶脉、茎蔓均为绿色；薯块纺锤形，紫红皮白肉，结薯较集中，薯块较整齐，单株结薯4～5个，大中薯率较高；薯干洁白平整，食味品质较好，干基淀粉含量较高，烘干率34%左右，比对照品种徐薯22高5个百分点；淀粉品质优，颜色白，色泽美观，淀粉黏度高，用于制作粉丝、粉条不易断；中国科学院成都生物研究所研究表明，烟薯29的淀粉属于慢消化淀粉，用其制作的产品特别适宜糖尿病人食用；耐贮性好；中抗蔓割病和根腐病。

（3）产量表现及适应范围。春薯鲜薯亩产2 400千克左右，薯干亩产850千克左右。适宜在山东、河北、河南、安徽、江苏北部、辽宁等地区作春、夏薯种植。

图12　烟薯29

5. 郑红22

（1）品种来源。郑红22（图13）是河南省农业科学院粮食作物研究所与江苏省徐州甘薯研究中心从徐01-2-9集团杂交后代中选育而成，2010年通过全国品种鉴定委员会鉴定（国品鉴甘薯2010004），2019年获农业农村部品种登记 [GPD甘薯（2019）410014]。

（2）特征特性。该品种萌芽性较好；中蔓，分枝数8个左右，茎蔓中等；叶片心形，顶叶和成年叶均为绿色，叶脉紫色，茎蔓绿色带紫；薯形短纺锤形，紫红皮橘黄肉；结薯集中，薯块较整齐，单株结薯3～4个，大中薯率一般；薯干平整，食味品质较好，烘干率35.1%，鲜基可溶性固形物含量11.7%，粗蛋白含量1.48%，粗纤维含量1.22%；较耐贮藏；高抗茎线虫病，抗根腐病，中抗黑斑病。

（3）产量表现及适应范围。夏薯鲜薯亩产2 000千克左右，薯干亩产650千克左右。适宜在河南、北京、河北、陕西、山东、安徽中北部、江苏北部等地作春、夏薯种植，不宜在根腐病发病田块种植。

图13　郑红22

6. 漯薯11

（1）品种来源。漯薯11（图14）是2007年漯河市农业科学院利用苏薯9号和漂105有性杂交选育而成，2015年通过全国品种鉴定委员会鉴定（国品鉴甘薯2015006），2018年获农业农村部品种登记［GPD甘薯（2018）410016］。

（2）特征特性。该品种萌芽性较好；中蔓，分枝数7个左右，茎蔓中等偏细，茎蔓浅紫带茸毛，叶片心形，顶叶紫色，叶绿色，叶脉浅绿色；薯形纺锤形，红皮乳白肉；结薯较集中，薯块较整齐，单株结薯3～4个，大中薯率高；薯干洁白平整，食味品质中等，平均烘干率31%，比对照品种徐薯22约高2个百分点；耐贮性好；抗蔓割病，中抗根腐病，抗茎线虫病和黑斑病。

（3）产量表现及适应范围。春薯鲜薯亩产3 000千克左右，薯干亩产800千克左右。适宜在河南、河北、陕西、山东、江苏等北方薯区作春、夏薯种植。

图14　漯薯11

15

7. 皖薯373

（1）品种来源。皖薯373（图15）是安徽省农业科学院作物研究所和阜阳市农业科学院合作利用徐781集团杂交选育而成，2015年通过全国品种鉴定委员会鉴定（国品鉴甘薯2015005）。

（2）特征特性。该品种萌芽性好；中长蔓，分枝数6～7个，茎蔓中等，浅紫；叶片心形带齿，顶叶黄绿色带紫边，成年叶和叶脉均为绿色；薯形下膨纺锤形，红皮淡黄肉；结薯较集中，薯块较整齐，单株结薯3个左右，大中薯率高；食味品质好，较耐贮，夏薯烘干率28.80%，比对照品种徐薯22低0.53个百分点，淀粉率18.69%，比对照品种徐薯22低0.47个百分点；中抗根腐病和黑斑病，感茎线虫病，中感蔓割病。

（3）产量表现及适应范围。春薯鲜薯亩产2 800千克左右，薯干亩产900千克左右；夏薯鲜薯亩产2 500千克左右，薯干亩产720千克左右。适宜在安徽、河北、陕西、山东、河南、江苏等地区种植，不宜在根腐病及蔓割病重发地块种植。

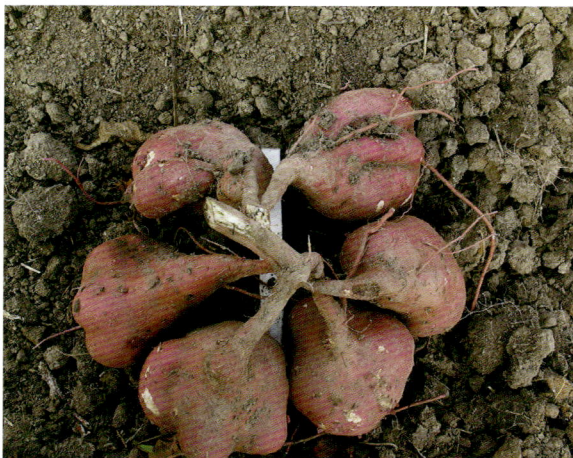

图15　皖薯373

8. 苏薯24

（1）品种来源。苏薯24（图16）是江苏省农业科学院粮食作物研究所利用南薯99和皖苏178有性杂交选育而成，2015年3月通过全国甘薯品种鉴定委员会鉴定（国品鉴甘薯2015002）。

（2）特征特性。该品种萌芽性好；中短蔓，分枝数7个左右，茎蔓绿色，茎蔓粗；叶片心形带齿，顶叶、叶片和叶脉均为绿色；薯块短纺锤形，薯皮红色，薯肉淡黄色；结薯集中，单株结薯3个左右，大中薯率高；熟食干软味香，烘干率34%左右，比对照品种徐薯22高3个百分点；耐贮性好；高抗茎线虫病，中抗黑斑病，中抗根腐病，中抗蔓割病。

（3）产量表现及适应范围。夏薯鲜薯亩产2 300千克左右，薯干亩产770千克左右。适宜在江苏、湖南、湖北、浙江、四川和重庆等地区作春、夏薯种植。

图16　苏薯24

9. 鄂薯6号

（1）品种来源。鄂薯6号（图17）是2001年湖北省农业科学院粮食作物研究所以97-3126作母本、岩薯5号作父本通过有性杂交选育而成，2008年通过湖北省农作物品种审定委员会审定（鄂审薯2008001），2018年获农业农村部品种登记 [GPD甘薯（2018）420074]。

（2）特征特性。该品种萌芽性优；长蔓，分枝数7个左右，茎蔓中等；叶片心形，顶叶绿色，叶片绿色，叶脉绿色带紫，茎蔓绿色；薯形纺锤形，红皮白肉；结薯集中整齐，单株结薯4～5个，大中薯率高；春（夏）薯烘干率37.8%左右；耐贮性好；抗根腐病，高抗黑斑病，抗薯瘟病。

（3）产量表现及适应范围。春（夏、秋）薯鲜薯亩产2 300千克左右，薯干亩产780千克左右。适宜在湖北省及周边等地区作春薯种植，不宜在茎线虫病重发地种植。

图17　鄂薯6号

10. 川薯217

（1）品种来源。川薯217（图18）是2004年四川省农业科学院作物研究所和重庆市农业科学院特色作物研究所以冀薯98作母本、力源1号作父本通过有性杂交选育而成，2011年通过全国甘薯品种鉴定委员会鉴定（国品鉴甘薯2011007）。

（2）特征特性。该品种萌芽性好；中蔓，分枝数6～8个，茎蔓中等；叶片心脏形，顶叶绿色，叶片绿色，叶脉绿色，茎蔓绿色；薯形短纺锤形，红皮白肉；结薯集中，单株结薯3～5个，大中薯率高；食味品质优良，夏薯烘干率30.96%，比对照品种南薯88高3.17个百分点，平均淀粉率20.58%，比对照品种南薯88高2.75个百分点；耐贮性好；中抗黑斑病。

（3）产量表现及适应范围。夏薯鲜薯亩产2 300千克左右，薯干亩产700千克左右。适宜在四川、江西、浙江、江苏南部等地区作夏薯种植，不宜在茎线虫病发病区种植。

图18　川薯217

11. 湛薯12

（1）品种来源。湛薯12（图19）是2010年湛江市农业科学研究院以广薯87作母本，通过集团杂交选育而成，2016年通过广东省农作物品种审定委员会审定（粤审薯20160003），2018年获农业农村部品种登记［GPD甘薯（2018）440017］。

（2）特征特性。该品种萌芽性中等；中蔓，分枝数10个左右，茎蔓中等；叶片中复缺刻，顶叶浅绿色，叶片绿色，叶脉紫色，茎蔓绿色；薯皮暗紫红色，薯肉黄色，薯身光滑较美观，薯块均匀；薯形下膨，结薯集中整齐，单株结薯5～6个，大中薯率较高；食味品质优于对照品种，淀粉率22%左右，秋薯烘干率31%左右；耐贮性较好；中抗薯瘟病。

（3）产量表现及适应范围。秋薯鲜薯亩产2 200千克左右，薯干亩产690千克左右。适宜在广东等地区作秋薯种植。

图19　湛薯12

（二）鲜食及食品加工型品种

这类品种主要用于蒸煮、烤食或薯条、薯片、薯汁、薯粉等加工，熟食味优或加工品质优，粗纤维少，商品性好，鲜薯产量较高，抗病性较好。近年来，随着人们膳食结构的改善和保健意识的增强，鲜食型甘薯越来越受到人们的青睐，食味品质好的优良品种市场需求量上升较快。根据2015—2019年的调查，南方薯区鲜食甘薯所占比例为68.03%，长江中下游薯区和北方薯区分别为38.63%和48.13%。

1. 烟薯25

（1）品种来源。烟薯25（图20）是2005年烟台市农业科学研究院以鲁薯8号作母本，通过计划集团杂交选育而成，2012年通过全国甘薯品种鉴定委员会鉴定（国品鉴甘薯2012001）、山东省农作物品种审定委员会审定（鲁农审2012035），2018年获农业农村部品种登记［GPD甘薯（2018）370034］。

（2）特征特性。该品种萌芽性较好；中长蔓，分枝数5～6个，茎蔓中等粗；叶片浅裂，顶叶紫色，成年叶、叶脉和茎蔓均为绿色；薯形纺锤形，淡红皮橘黄肉；结薯集中，薯块较整齐，单株结薯5个左右，大中薯率较高；烟薯25干基还原糖和可溶性糖含量较高，国家区试测定数值分别为5.62%和10.34%，均居参试品种之首；经原农业部辐照产品质量监督检验测试中心测定，烟薯25黏蛋白含量1.12%（鲜薯），比对照遗字138高30.2%；烟薯25肉色美观漂亮，蒸煮后呈金黄色，每百克鲜薯胡萝卜素含量3.67毫克，非常适中，既避免了胡萝卜素含量过高，造成口味下降，又可以补充给人体充足的维生素A，营养价值高；甜香味极好，在全国甘薯竞赛活动中，食味总评第一；耐贮性较好；抗根腐病和黑斑病。

（3）产量表现及适应范围。春薯鲜薯亩产2 600千克左右。适宜在山东、河北、河南、安徽、江苏、辽宁、陕西、山西、内蒙古南部、新疆南部、吉林南部、北京、天津等地区作春、夏薯种植，不宜在寒冷地区种植。烟薯25是目前最好吃的烤薯品种之一，其加工的地瓜干、冰烤薯、炸薯片品质非常好，市场反响热烈，发展前景较好。

图20　烟薯25

2. 济薯26

（1）品种来源。济薯26（图21）是2008年山东省农业科学院作物研究所以徐03-31-15为母本，通过集团杂交收获的实生种选育而成，2014年8月通过全国甘薯品种鉴定委员会鉴定（国品鉴甘薯2014002），2018年获农业农村部品种登记［GPD甘薯（2018）370073］。

（2）特征特性。该品种萌芽性较好；中长蔓，分枝数10个左右，茎蔓细；叶片心形，顶叶黄绿色带紫边，叶片绿色，叶脉紫色，茎蔓绿色；薯块纺锤形，红皮黄肉；结薯集中，薯块整齐，单株结薯4个左右，大中薯率较高；薯肉金黄，口感糯香，收获即食风味佳，糖化速度快，贮存后糯甜，既可蒸煮，又可烘烤，还可加工成薯脯、速冻薯块等；春薯烘干率26%～30%，夏薯烘干率22%～25%；耐贮性好；高抗根腐病、抗蔓割病和贮存期软腐病，抗茎线虫病侵入、不抗扩散，感黑斑病。

（3）产量表现及适应范围。春薯鲜薯亩产3 000～3 500千克。适宜在全国甘薯种植地区作春、夏薯种植，不宜在高肥水的地块种植。近年来，济薯26在国家甘薯产业体系高产竞赛中多次获得北方区鲜食组冠、亚、季军，最高鲜薯亩产5 650千克。该品种的突出特点是产量高、增产潜力大、品质优良、抗病性好、抗旱、耐盐碱、耐贫瘠、适于机械化收获、适应性强。

图21　济薯26

3. 普薯32

（1）品种来源。普薯32（图22）是2002年广东省普宁市农业科学研究所利用普薯24和徐薯94/47-1杂交选育而成，2012年6月通过广东省农作物品种审定委员会审定（粤审薯2012002），2020年获农业农村部品种登记 [GPD甘薯（2020）440031]。

（2）特征特性。该品种萌芽性较好；株型半直立，蔓长中等，分枝数较多；顶叶紫色，成叶绿色，叶形有心形和三角带齿形2种，叶脉、茎皆绿色，茎粗中等；薯块纺锤形，薯皮红色，薯肉橘红色，薯块大小较均匀；结薯集中、整齐，单株结薯数5个左右，大中薯率84%左右；糖分含量高，食味品质好；广东薯瘟病抗性鉴定为中抗，福建薯瘟病抗性鉴定为Ⅰ型感病、Ⅰ型高感，高感蔓割病；为多用型（鲜食、烤薯、加工等类型）甘薯品种。

（3）产量表现及适应范围。秋薯鲜薯亩产2 000千克左右。该品种具有早熟、优质、适应性广、胡萝卜素含量高、薯形美观、丰产性突出、稳产性好等优点，不宜在薯瘟病、蔓割病、病毒病高发地区种植。

图22　普薯32

4. 龙薯9号

（1）品种来源。龙薯9号（图23）是1998年福建省龙岩市农业科学研究所利用岩薯5号和金山57有性杂交选育而成，2004年通过福建省农作物品种审定委员会审定（闽审薯2004004），2018年获农业农村部品种登记 [GPD甘薯（2018）350047]。

（2）特征特性。该品种萌芽性好；短蔓，分枝数9个左右，茎蔓中等；叶片心齿形，顶叶绿色，叶片绿色，叶脉淡紫色，茎蔓绿色；薯形纺锤形，红皮淡红肉；结薯集中整齐，单株结薯5个左右，大中薯率高；食味品质略低于金山57，秋薯烘干率21%左右，比对照品种金山57约低4个百分点；耐贮性较好；高抗蔓割病，高抗Ⅰ型薯瘟病，高感亚型薯瘟病。

（3）产量表现及适应范围。秋薯鲜薯亩产3 000～4 000千克。适宜在全国各地种植，并根据当地气候条件作春、夏、秋薯和越冬薯种植，但不宜在薯瘟病重病区种植。龙薯9号为鲜食、烤薯和地瓜干加工等多用型品种，突出特点是特早熟、超高产。生产上应季及时提早上市，发挥龙薯9号特早熟、高产的特性，可获取更高的经济效益。

图23　龙薯9号

5. 北京553

（1）**品种来源**。北京553（图24）是1950年华北农科所从胜利百号放任授粉的杂交后代中选育而成。

（2）**特征特性**。该品种顶叶紫色，叶形浅裂复缺刻，叶片大小中等，叶脉淡紫，脉基和柄基紫色，茎紫红色，茎顶端茸毛少，基部分枝较多；薯块长纺锤形至下膨纺锤形，薯皮黄褐色，薯肉杏黄色；耐肥、耐湿性较强，耐旱、耐瘠性较差；贮性较差；高抗根腐病，较抗茎线虫病和黑斑病，感根腐病，易感软腐病。

（3）**产量表现及适应范围**。春薯鲜薯亩产3 000千克左右，夏薯鲜薯亩产2 000千克左右。薯块水分较大，生食脆甜多汁，烘烤食味软甜爽口，曾是我国北方烤薯市场的主体品种。目前在我国北方薯区有一定的种植面积，适宜作春、夏薯种植，不宜在根腐病易发地种植。

图24　北京553

6.苏薯8号

（1）**品种来源**。苏薯8号（图25）是江苏省南京地区农业科学研究所在以苏薯4号为母本、苏薯1号为父本的杂交后代中选育出的红皮红心食用品种，1997年4月通过江苏省农作物品种审定委员会审定，2001年通过河南省农作物品种审定委员会审定（豫审证字2001023号）。

（2）**特征特性**。该品种萌芽性好；短蔓，分枝数8个左右，茎蔓较细；叶片深裂复缺，顶叶绿色带褐边，叶片绿色，叶脉绿色，茎蔓绿色；薯形纺锤形或短纺锤形，薯皮红色，薯肉橘红色，每百克鲜薯含维生素C19.62毫克、β-胡萝卜素1.56毫克，可溶性糖含量占薯块的6.9%；结薯集中，单株结薯5个左右，大中薯率高；春（夏）薯烘干率25.5%左右，口感细腻无纤维，薯肉色泽鲜艳，熟食无胡萝卜味，风味较好；耐贮性好；高抗黑斑病，不抗茎线虫病及根腐病。

（3）**产量表现及适应范围**。春薯鲜薯亩产3 500～4 500千克，有的高产田亩产可达5 000千克，夏薯鲜薯亩产3 000千克左右。适宜在各种类型土壤种植，尤其适合在干旱、贫瘠的丘陵山区种植，不宜在根腐病易发地区种植。

图25　苏薯8号

7. 徐薯32

（1）品种来源。徐薯32（图26）是2003年江苏徐州甘薯研究中心以徐薯55-2作母本、日本红东作父本通过有性杂交选育而成，2015年通过河南省农作物新品种鉴定委员会鉴定（豫品鉴薯2015005），2018年获农业农村部品种登记 [GPD甘薯（2018）320002]。

（2）特征特性。该品种萌芽性好；短蔓，分枝数15个左右，茎蔓粗细中等；叶片浅缺刻，顶叶紫色，叶片深绿，叶脉紫色，茎蔓绿色带紫点；薯形纺锤形，紫红皮浅黄肉；结薯集中，单株结薯3～5个，大中薯率较高；薯形美观，熟食味佳，香面且糯，适合鲜食与淀粉加工；春薯烘干率31%左右，比对照品种徐薯22高2个百分点左右；耐贮性好；抗蔓割病，中抗黑斑病及根腐病，感茎线虫病，综合抗病性中等。

（3）产量表现及适应范围。北方春薯鲜薯亩产3 000～3 500千克，夏薯鲜薯亩产2 000～2 500千克。适宜在我国黄淮薯区及北方春夏薯区推广种植，不宜在茎线虫病发病地种植。

图26　徐薯32

8. 苏薯16

（1）品种来源。苏薯16（图27）是2004年江苏省农业科学院粮食作物研究所以Acadian为母本、南薯99为父本通过有性杂交选育而成，2012年3月通过江苏省农作物品种审定委员会鉴定（苏鉴薯201201）。

（2）特征特性。该品种萌芽性好；中短蔓，分枝数10个左右，茎蔓粗；叶片心脏形，顶叶、叶片和叶脉均为绿色，茎蔓绿色；薯块长纺锤形，薯皮紫红色，薯肉橘红色；结薯集中，薯块光滑整齐，单株结薯5个左右，中薯率高；熟食黏甜风味佳，品质好；烘干率28%左右，比对照品种苏渝303低1个百分点，可溶性固形物总含量4.46%，每百克鲜薯胡萝卜素含量3.91毫克；耐贮性好；抗黑斑病，中抗根腐病，不抗茎线虫病。

（3）产量表现及适应范围。夏薯鲜薯亩产2 100千克左右，比对照品种苏渝303增产5%左右。适宜在江苏、安徽、江西、重庆、浙江和河北等地区作春、夏薯种植，不宜在茎线虫病高发地区种植。苏薯16作为优质食用甘薯在生产上得到大面积推广应用。

图27　苏薯16

9. 心香

（1）**品种来源**。心香（图28）是2000年浙江省农业科学院作物与核技术利用研究所和勿忘农集团有限公司从金玉（浙1257）×浙薯2号杂交后代中选育而成，2009年通过全国甘薯品种鉴定委员会鉴定（国品鉴甘薯2009008），2010年获广西壮族自治区品种登记 [（桂）登（喜）2010001]，2012年通过山东省农作物品种审认委员会审定（鲁农审2012036号），2019年获农业农村部品种登记 [GPD甘薯（2019）330024]。

（2）**特征特性**。该品种萌芽性较好；短蔓，分枝数7～8个，茎蔓中等；叶片心形，顶叶绿色，叶片绿色，叶脉绿色，脉基紫色，茎蔓绿色；薯形纺锤形，紫皮黄肉；结薯浅而集中，单株结薯5个左右，大中薯率较高；食味香甜糯、口感细腻、纤维很少，手指般大小的小薯品质优异，夏薯烘干率32%左右，比对照品种南薯88高3个百分点；耐贮性较好；易感黑斑病。

（3）**产量表现及适应范围**。夏薯鲜薯亩产2 000千克左右。适宜在全国种植，其中，浙江以南地区适合双季种植迷你薯，广东、海南无霜区可周年种收，尤其适合冬种春收。

图28　心香

10. 浙薯13

（1）品种来源。浙薯13（图29）是1994年浙江省农业科学院利用浙薯81和浙薯255有性杂交选育而成，2005年通过浙江省非主要农作物品种认定委员会认定（浙认薯2005002）。

（2）特征特性。该品种萌芽性好；长蔓，分枝数5个左右，茎蔓中等；叶片心形，顶叶绿色，叶片绿色，叶脉紫色，茎蔓绿色；薯形纺锤形，红皮浅橘红肉；结薯集中，单株结薯3个左右，大中薯率高；表皮光滑，薯形美观，食味甜粉；夏薯烘干率35%左右，比对照品种徐薯18高3个百分点；耐贮性较好；抗蔓割病，中抗黑斑病。

（3）产量表现及适应范围。夏薯鲜薯亩产2 200千克左右，薯干亩产770千克左右。适宜在浙江等地区作夏薯种植，不宜在薯瘟病发病区种植。浙薯13为鲜食、淀粉及薯脯干加工两用型品种，突出特点是鲜薯淀粉含量高，蒸煮时淀粉糖化度高，目前为浙江省甘薯主栽品种和薯脯干加工的主要原料品种。

图29 浙薯13

11. 金海美秀

（1）品种来源。金海美秀（图30）是莱州市金海种业有限公司从甜香薯×蜂蜜罐杂交后代中选育而成，2022年获农业农村部品种登记 [GPD甘薯（2022）370085]。

（2）特征特性。该品种植株生长半直立，蔓长中等，平均基部分枝10个；裂片品种三裂片，茎顶芽相对位置凹，茎顶芽花青苷显色强度弱，茎顶端茸毛疏，叶颜色中等绿色；薯块上膨纺锤形，薯皮紫红色，薯肉中等黄色；萌芽数量中，萌芽一致性中等；结薯较集中；烘干率29.25%，淀粉率63.78%，粗蛋白含量4.89%，还原性糖含量5.13%，可溶性糖含量13.19%，每百克鲜薯胡萝卜素含量1.32毫克、花青素含量0.33毫克，口感细腻甜滑；抗根腐病、黑斑病、中抗茎线虫病、蔓割病、薯瘟病。

（3）产量表现及适宜范围。鲜薯亩产2 500～3 000千克，薯干亩产700千克左右。该品种突出特点是收获后糖化速度快，烤食更佳，适宜在山东、安徽、江苏、山西春、夏季种植。

图30　金海美秀

12. 金海雪艳

（1）品种来源。金海雪艳（图31）是莱州市金海种业有限公司以莱蜜为母本，通过红瑶等国外34个甘薯品种群体放任授粉后代选育而来，2019年获农业农村部品种登记［GPD甘薯（2019）370033］。

（2）特征特性。该品种中长蔓，分枝数7～10个，茎蔓中等粗；叶片三角形，顶叶绿色，成年叶、叶脉和茎蔓均为绿色，叶基部为紫色；薯形倒卵形，紫皮白肉，结薯集中，薯块较整齐，单株结薯5个左右，大中薯率较高；耐贮；烘干率28.64%，淀粉率76.42%，粗蛋白含量1.31%，还原性糖含量5.43%，可溶性糖含量9.86%，每百克鲜薯胡萝卜素含量0.12毫克、花青素含量9.35毫克，口感香甜；抗根腐病、黑斑病，中抗茎线虫病、蔓割病和薯瘟病。

（3）产量表现及适宜范围。鲜薯亩产3 000千克左右，薯干亩产500千克左右。适宜在山东、河北等省春、夏季种植。

图31　金海雪艳

13. 金海汀甜

（1）品种来源。金海汀甜（图32）是莱州市金海种业有限公司与莱州市金海农牧场有限公司以澳洲紫白和红瑶为亲本杂交选育而成，2019年获农业农村部品种登记 [GPD甘薯（2019）370064]。

（2）特征特性。该品种植株生长半直立，蔓长中等，平均基部分枝8个；无裂片品种心形，茎顶芽相对位置凹，茎顶芽花青苷显色强度中，茎顶端茸毛疏，叶中等绿色；薯块纺锤形，薯皮紫红色，薯肉浅黄色；萌芽数量中，萌芽一致性中等，结薯较集中；烘干率28.18%，淀粉率60.92%，粗蛋白含量1.36%，还原性糖含量7.39%，可溶性糖含量16.37%，每百克鲜薯胡萝卜素含量1.93毫克、花青素含量1.03毫克，口感细腻香甜；抗根腐病、黑斑病，中抗茎线虫病、蔓割病、薯瘟病。

（3）产量表现及适宜范围。鲜薯亩产2 500千克左右，薯干亩产650千克左右。适宜在山东、河北等省春、夏季种植。

图32　金海汀甜

14. 蓉粉一号

（1）**品种来源**。蓉粉一号（图33）是山东省莱州市金海种业有限公司以雪艳×红瑶杂交选育而成，2022年获农业农村部品种登记［GPD甘薯（2022）370084］。

（2）**特征特性**。该品种萌芽性中等；蔓长中等，平均基部分枝7个，结薯较集中；无裂片品种心形，茎顶芽相对位置凹，茎顶芽花青苷显色强度弱，茎顶端茸毛疏，叶中等绿色；薯块纺锤形，薯皮紫红色，薯肉中等黄色；烘干率27.27%，淀粉率70.97%，粗蛋白含量4.65%，还原性糖含量2.75%，可溶性糖含量8.16%，每百克鲜薯胡萝卜素含量2.17毫克、花青素含量1.22毫克，口感细腻香甜；中抗根腐病、黑斑病、茎线虫病、蔓割病，抗薯瘟病。

（3）**产量表现及适宜范围**。鲜薯亩产2 500千克左右，薯干亩产650千克左右。适宜在山东、河北等省春、夏季种植。

图33　蓉粉一号

15. 济薯33

（1）品种来源。济薯33（图34）是山东省农业科学院作物研究所以济薯26为母本放任授粉选育而成，2022年获农业农村部品种登记［GPD甘薯（2022）370072］。

（2）特征特性。该品种早熟，生育期90天；植株生长半直立，蔓长短，平均基部分枝7.6个；无裂片品种心形，茎顶芽相对位置凹，茎顶芽花青苷显色强度无，茎顶端茸毛密，叶中等绿色；薯块纺锤形，薯皮浅红色，薯肉浅橙红色；萌芽数量中，萌芽一致性好，结薯习性集中；烘干率22.70%，淀粉率13.44%，粗蛋白含量5.63%，还原性糖含量4.80%，可溶性糖含量19.90%，每百克鲜薯胡萝卜素含量0.12毫克、维生素C含量3.87毫克，熟食味中等；高抗根腐病，抗黑斑病、茎线虫病、蔓割病。

（3）产量表现及适宜范围。鲜薯亩产3 200千克左右，薯干亩产750千克左右。适宜在山东、河南、陕西、山西、安徽春、夏季种植。可作为早熟品种种植，商品薯及早上市。

图34　济薯33

16. 齐宁21

（1）品种来源。齐宁21（图35）是山东省济宁市农业科学研究院以秦薯7号为母本集团杂交选育而成，2019年获农业农村部品种登记［GPD甘薯（2019）370038］。

（2）特征特性。该品种萌芽性好；茎蔓中等粗，分枝数中等，生长势强，叶片心形，叶片、顶叶、叶脉和茎蔓均为浅绿色；薯块纺锤形，薯皮黄色、薯肉黄色；结薯早且整齐集中，单株结薯数4～5个，薯形美观，商品性佳；抗旱性较好，耐贮藏；抗茎线虫病，中抗黑斑病，感根腐病。

（3）产量表现及适宜范围。春薯鲜薯亩产3 000千克左右，夏薯鲜薯平均亩产2 500千克。适宜在山东、河南、河北、江苏、安徽、北京、山西、陕西平原或旱地作为春、夏薯种植，不宜在根腐病发病重地块种植。

图35 齐宁21

17. 泰紫薯1号

（1）品种来源。泰紫薯1号（图36）是泰安市农业科学研究院通过泰中6号开放授粉选育而成，2020年获农业农村部品种登记[GPD甘薯（2020）370038]。

（2）特征特性。该品种萌芽性优，出苗早而整齐，生长势较强；叶绿色，顶叶绿色，叶脉紫色，茎绿色，叶片心形；中长蔓，茎粗中等，分枝数8～10个，匍匐型；薯块纺锤形，表面光滑，薯皮紫色，薯肉紫色，单株结薯数6～8个；耐贮性好；耐旱性好，耐瘠性较强；烘干率32.08%，淀粉率60.52%（干基），可溶性糖含量6.29%（干基），鲜薯蒸煮后肉质软糯，香甜可口；抗黑斑病、茎线虫病。

（3）产量表现及适宜范围。鲜薯亩产2 000千克左右，薯干亩产500千克左右。适宜在山东、河北中南部、河南东部春夏季种植。

图36　泰紫薯1号

18. 齐宁18

（1）**品种来源**。齐宁18（图37）是济宁市农业科学研究院以济薯26为母本经放任授粉选育而成，2019年获农业农村部品种登记［GPD甘薯（2019）370002］。

（2）**特征特性**。该品种萌芽性好；中短蔓，分枝10个左右，茎粗中等，叶片心形，顶叶、成年叶、叶脉和茎蔓均为绿色；薯块长纺锤形，薯皮薯肉均为紫色；结薯整齐集中，大中薯率高；淀粉含量15.5%，干物质含量23.7%，还原性糖含量0.43%，粗蛋白含量2.34%，每百克鲜薯维生素C含量17.3毫克；抗轻花叶病毒病、重花叶病毒病，感晚疫病。

（3）**产量表现及适宜范围**。春薯鲜薯亩产3 500～4 000千克，夏薯鲜薯亩产2 500～3 000千克。适宜在山东、河南、河北、江苏、安徽、北京、山西、陕西平原或旱地作为春、夏薯种植，不宜在根腐病发生重病地块种植。2020年被评为国家甘薯良种联合攻关第二届"食味十佳"品种。

图37　齐宁18

19. 齐宁20

（1）品种来源。齐宁20（图38）是济宁市农业科学研究院以万薯7号为母本集团杂交选育而成，2019年获农业农村部品种登记[GPD甘薯（2019）370037]。

（2）特征特性。该品种萌芽性好；茎蔓匍匐、细长，分枝6～8个，前期生长势强，易开花；叶片心形带齿，顶叶浅绿，叶、叶脉和茎蔓均为绿色；薯块长纺锤形，薯皮薯肉均为紫色；结薯早且整齐集中，单株结薯数4～5个，薯形好；口感好，食味优，熟食味黏、沙、糯、香、甜，适合蒸煮和烤食；抗旱性强，耐贮藏；烘干率31.30%，淀粉率20.87%，粗蛋白含量4.86%，还原性糖含量2.47%，可溶性糖含量8.71%，每百克鲜薯花青素含量35.88毫克；感根腐病，抗黑斑病，中抗茎线虫病。

（3）产量表现及适应范围。鲜薯亩产2 500千克左右，薯干亩产750千克左右。适宜在山东、河北等省作春、夏薯种植。

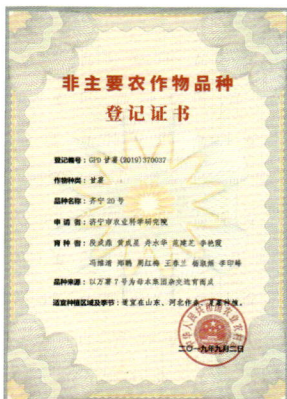

图38　齐宁20

20. 徐紫薯8号

（1）品种来源。徐紫薯8号（图39）是江苏徐淮地区徐州农业科学研究所以徐紫薯3号×万紫56杂交选育而成，2018年获农业农村部品种登记 [GPD甘薯（2018）320033]。

（2）特征特性。全生育期120～150天，幼苗形态直立，成株半直立；蔓长中等，多分枝，平均蔓长260厘米，平均分枝数10.8个，茎粗4.5毫米；叶片5缺刻，叶片大小中等；薯块纺锤形，深紫皮深紫肉；结薯分散，薯块整齐，单株结薯数约4个，大中薯率高；较耐贮，薯块萌芽性好，萌芽数多且整齐；烘干率28.16%，淀粉率55.53%，粗蛋白含量6.27%，还原性糖含量5.71%，可溶性糖含量5.75%，每百克鲜薯花青素含量110毫克，食味品质佳，口感黏、甜、香；中抗根腐病，感黑斑病，高感茎线虫病；耐旱性和耐盐性强。

（3）产量表现及适应范围。鲜薯亩产2 200千克左右，薯干亩产650千克左右。适宜在江苏、湖北、湖南、浙江、安徽、江西、福建、贵州、四川、广东、广西、重庆作春薯和夏薯种植。该品种抗病性一般，不抗黑斑病和茎线虫病，生产上应注意避开发病区域，并注意防治。

图39　徐紫薯8号

（三）色素加工型品种

1. 济紫薯1号

（1）**品种来源**。济紫薯1号（图40）是2001年山东省农业科学院作物研究所以绫紫为亲本选育而成，2012年通过山东省农作物品种审定委员会审定（鲁农审2012037号），2015年通过全国甘薯品种鉴定委员会鉴定（国品鉴甘薯2015009）。

（2）**特征特性**。该品种萌芽性中等；中长蔓，基部分枝6～7个；顶叶、叶片均为绿色，偶带褐边，叶形心形，叶脉绿色，茎蔓色绿，茎端无茸毛；薯皮紫黑色，薯肉紫黑色，薯形呈下膨纺锤形；薯块萌芽性中等，结薯早而集中，中期膨大快；耐旱、耐瘠，适应性广；每百克鲜薯花青素含量90～126毫克，是国内花青素含量最高的紫薯品种，适合加工色素、全粉、薯泥、速冻薯块等；耐贮性好；烘干率39.57%，口感好，鲜薯蒸煮后粉而糯；抗根腐病、黑斑病，感茎线虫病。

图40　济紫薯1号

（3）**产量表现及适宜范围**。鲜薯亩产2 000～3 000千克，薯干平均亩产700千克。该品种适应能力强，可在北方春薯区、黄淮流域春夏薯区、长江流域夏薯区、南方夏秋薯区种植。

2.烟紫薯4号

（1）品种来源。烟紫薯4号（图41）是山东省烟台市农业科学研究院通过浙薯81放任授粉后代选育而成，2023年获农业农村部品种登记 [GPD甘薯（2023）370052]。

（2）特征特性。该品种萌芽性较好；长蔓，分枝数8.2个左右，茎蔓粗中等；叶片心形，顶叶绿色带紫边，成年叶、叶脉和茎蔓均为绿色；耐贮性较好；薯块纺锤形，紫皮紫肉；结薯较集中，薯块较整齐，单株结薯4.9个左右，大中薯率较高；干基淀粉含量较高，花青素含量高，食味较好；抗蔓割病，感根腐病和茎线虫病。

（3）产量表现及适应范围。鲜薯亩产2 051.5千克，淀粉亩产410.3千克。适宜在山东、北京、河北、陕西、山西、安徽中北部、河南东部种植。

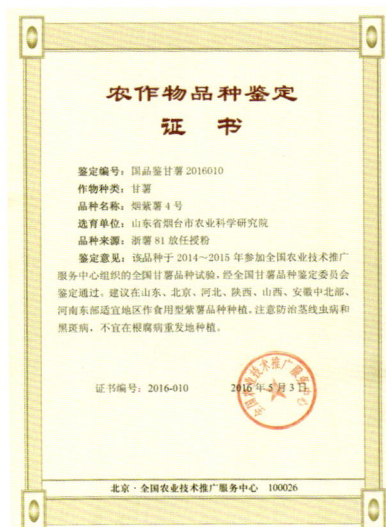

图41　烟紫薯4号

（四）菜用型品种

菜用型甘薯指采摘甘薯茎尖生长点以下10～15厘米的茎叶幼嫩部分，可炒食、做汤或烫漂后凉拌的甘薯品种，是我国夏季高温蔬菜伏缺阶段较好的绿叶蔬菜来源。

菜用型甘薯有如下优点：①茎尖及嫩叶含有丰富的维生素、粗纤维、蛋白质及一些生理碱性物质，有助于减少营养不良或食物酸碱不平衡引起的疾病的发生；②茎尖叶菜为旋花科植物，茎叶很少或不受十字花科害虫危害，因而不用或少用农药，是较理想的绿色蔬菜。以往茎尖叶类只用空心菜，品种单一，难以满足人们对茎尖叶菜的需求，科研人员经过多年筛选，从大量甘薯品种中筛选出茎尖翠绿、食味清甜、无苦涩味、口感清爽的叶菜型甘薯品种。

1. 福菜薯18

（1）品种来源。福菜薯18（图42）是2004年福建省农业科学院作物研究所和湖北省农业科学院粮食作物研究所利用泉薯830和台农71有性杂交选育而成，2011年通过全国甘薯品种鉴定委员会鉴定（国品鉴甘薯2011015），2012年通过福建省农作物品种审定委员会审定（闽审薯2012001），2018年获农业农村部品种登记[GPD甘薯（2018）350044]。

（2）特征特性。该品种萌芽性好；株型短蔓半直立；叶片心形，顶叶、成叶、叶脉、叶柄和茎均为深绿色；单株结薯2～3个，薯块纺锤形，薯皮浅黄色，薯肉浅黄色；薯块干物率28.4%，淀粉率17.1%，粗蛋白含量3.02%，还原性糖含最0.15%，每百克鲜嫩茎叶（烘干基）中蛋白质含量3.02克，每百克鲜薯中维生素C含量24.77毫克，每百克烘干甘薯中含还原糖0.15毫克、粗纤维2.7

克；茎尖无茸毛，烫后颜色翠绿，食味清香、有甜味，入口有滑腻感；抗蔓割病，中抗根腐病和茎线虫病，感黑斑病。

（3）栽培要点及适应范围。平畦种植每亩12 000 ～ 18 000株。施肥以有机肥为主，采摘期内保持土壤湿润，采摘后适时追肥，在150 ～ 300天采摘期内亩施纯氮30 ～ 50千克。该品种食味品质优、产量高、适应性好，是目前国内菜用型甘薯的主推品种，一年四季均可栽植，适宜在福建、浙江、重庆、河南、江苏、四川、山东、广东、广西等地区春、夏季露地种植，秋、冬季设施内种植。

图42　福菜薯18

2. 广菜薯5号

（1）品种来源。广菜薯5号（图43）是2008年广东省农业科学院作物研究所利用泉薯830和台农71有性杂交选育而成，2015年通过全国甘薯品种鉴定委员会鉴定（国品鉴甘薯2015019）。

（2）特征特性。该品种萌芽性较好；株型半直立，生长势强；顶叶浅复缺刻，分枝多，顶叶、叶基和茎均为绿色；薯块纺锤形，薯皮黄白色；幼嫩茎尖烫后颜色翠绿，无苦涩味略有清香，微甜和有滑腻感，食味品质好；高抗蔓割病，抗茎线虫病，中抗根腐病，中感薯瘟病。

（3）栽培要点及适应范围。夏天种植采收6～8次的茎尖亩产共2 500千克。该品种为抗病蔬菜专用型甘薯新品种，突出特点是抗病性强、茎尖采收产量稳定、炒熟后保持青绿口感甜脆，适宜在我国菜用甘薯产区种植，不宜在疮痂病高发地区种植。

图43　广菜薯5号

3. 薯绿1号

（1）品种来源。薯绿1号（图44）是江苏徐淮地区徐州市农业科学研究所和浙江省农业科学院作物与核技术利用研究所利用台农71和广薯菜2号有性杂交选育而成，2013年通过全国甘薯品种鉴定委员会鉴定和浙江省品种审定委员会审定，2015获得新品种权证书。

（2）特征特性。株型半直立，分枝多；叶片心形，顶叶黄绿色，叶基和茎均为绿色；薯块纺锤形，白皮白肉；10厘米长茎尖粗蛋白含量3.88%、脂肪含量0.2%、粗纤维含量1.6%、维生素C含量224毫克/千克、钙含量32.0毫克/千克、铁含量806毫克/千克；薯块干物质含量32.4%，可溶性固形物含量5.45%，总淀粉含量22.1%；茎尖无背毛，烫后颜色翠绿至绿色，无苦涩味，微甜，有滑腻感，食味品质好；高抗茎线虫病，抗蔓割病。

（3）产量表现及适应范围。3个月茎尖亩产量约2 000千克。适宜在江苏、山东、河南、浙江、四川、广东、福建、海南等地区作叶菜种植。该品种突出特点是品质优和直立性好，适于机械化采收。

图44　薯绿1号

4. 鄂薯10号

（1）品种来源。鄂薯10号（图45）是2005年湖北省农业科学院粮食作物研究所以福菜18作母本通过集团杂交选育而成，2013年通过全国甘薯品种鉴定委员会鉴定（国品鉴甘薯2013014），2018年获农业农村部品种登记 [GPD甘薯（2018）420052]。

（2）特性特征。该品种萌芽性优；中长蔓，叶片心形带齿，顶叶绿色，叶片绿色，叶脉绿色，茎蔓绿色；薯形长筒形，淡红皮白肉；茎尖茸毛少或无，烫后颜色翠绿至绿色，部分参试点有香味、无苦涩味，无甜，有滑腻感，食味品质优；抗茎线虫病，抗蔓割病，感根腐病、病毒病，食叶害虫、白粉虱和疮痂病危害轻。

（3）产量表现及适应范围。亩产茎尖2 050千克左右。适宜在湖北、浙江、江苏、四川、广东等地区作菜薯种植，不宜在根腐病重发地种植。

图45　鄂薯10号

5. 莆薯53

（1）品种来源。莆薯53（图46）是1977年福建省莆田市农业科学研究所从莆薯3号放任授粉的杂交后代中选育而成。

（2）特征特性。该品种叶脉及茎均为绿色，叶形深裂复缺刻，茸毛少，短蔓半直立性，基部分枝多，茎尖柔嫩；薯皮粉红色，肉淡黄色，薯块下纺锤形；萌芽性好，出苗早而多，生长势强，后期不早衰，适应性广；茎尖每百克鲜重含维生素C 31.28毫克、维生素B_1 0.09毫克及磷、钙、铁等物质；株型、叶型、长势极像空心菜，茎尖熟化后色、香、味俱全。

（3）产量表现。平畦大棚栽培，每亩可采3 000千克左右；菜薯兼用的大田起垄种植，每亩可采茎尖1 000千克，收薯块1 500千克。

图46　莆薯53

三、甘薯绿色高产高效栽培技术

种植甘薯要求土壤肥沃、土层深厚且疏松，以利块根形成膨大。大田生产上大多采取垄作，不仅加厚了土层，增加了土表面积，还有利于排水和灌溉。甘薯的栽培过程包括：育苗、整地、覆膜、施肥、栽秧、管理和收获等环节。

（一）育苗

甘薯属于异花授粉作物，用种子繁殖的后代群体分离现象严重，形状很不一致，不能保持原有品种的优良特性，产量较低，为保持原品种的特性，生产上通常采用无性繁殖的方法。甘薯的根、茎、叶都可作为无性繁殖材料，但生产上多用块根育苗繁殖，也有用薯蔓和块根作播种材料的。

1. 甘薯的繁殖特点和块根发芽出苗习性

甘薯的块根上生有5～6纵列根眼，每个根眼中有2个以上的不定芽原基，在适宜的外界环境条件下，不定芽原基可发芽，不定芽穿透种皮，向外伸出就形成了薯苗。块根分顶部和尾部。顶部具有顶端生长优势，发芽时养分多向顶部运转，因而顶部不定芽出得又快又多，尾部则又慢又少。块根又分阴面和阳面，即在土壤中向地的一面和背地的一面。阳面一般出苗快而多，阴面则慢而少，这是由于阳面成熟度较高所致。甘薯出苗的多少快慢和品种也有关系。有的品种，如徐薯18出苗就快且多。出苗还和薯块的大小有关，虽然薯块无论大小，其根眼数基本相同（同一品种），但是大薯营养丰富，出苗又多又快，小薯则相反。

块根的出苗还受外界环境的影响。在16～35℃范围都可出苗，但随温度升高而速度加快。温度长期高于35℃，易发生"糠心"，而超过40℃，就会热伤烂种。在35～38℃条件下持续4天左右有利于甘薯酮（$C_{15}H_{22}O_3$）的产生，因而有利于抗黑斑病，这是"高温催芽"的一个原因。采前5～6天，温度降到20℃左右，可使秧苗粗壮、节间短，称"低温炼苗"。

甘薯育苗时，苗床水分应保持在最大持水量的70%～80%。水分过少，苗子不易发根；水分过多，苗子不健壮，栽后不易成活。苗床也需要一定量的养分，主要以速效氮肥为主，其对促进苗子生长有积极作用。光照是育苗环节很重要的一个因素，尽管发芽并不需要阳光，但出苗后，光照能使苗子粗壮、叶片厚实，生长力增强。因此育苗过程中在叶片发绿后要勤晒床，促进苗子健康生长。在育苗中及时通风透气也很重要，因为缺氧可造成烂薯（酒精中毒）。因此，苗床土壤宜疏松，浇水宜适量。

2. 甘薯育苗方法

甘薯生产中，薯苗质量很关键，壮苗比弱苗要增产10%左右。因此甘薯高产，首先要培育壮苗。我国甘薯产区遍及南北，自然条件不同，育苗方式多种多样。目前基本可分为三类：一是露地式。利用当地自然条件，不需要特殊的设备与管理，常用的有阳畦、小高垄等。二是加温式。根据当地条件，就地取材，建一定规格的加温苗床，用火炕或电炕等加温，提高苗床温度。加温式苗床普遍用于早春气温低的北方地区。三是冷床覆膜式。利用双膜或三膜覆盖，提高温度，达到加快薯苗生长、节约能源的目的。此外，还可利用地热、温泉、太阳能等能源育苗。不同育苗方式对薯苗质量影响较大，比较而言，冷床覆膜和加温的育苗方式烂薯率显著低于露地育苗，高温有利于增加出苗量，但薯苗质量相对较弱。各种育苗方式各有优势和不足，各地可因地制宜选用。

（1）阳畦育苗。采用阳畦育苗能够达到既培育壮苗又环保节能。

①阳畦的建造。选择地势平坦、排水良好、背风向阳的地段建造阳畦，阳畦的方向为东西向，阳畦长10米左右，内径宽2.5米左右，也可因地制宜。床底距地面0.25米左右。北墙距地面0.8米高，南墙高0.5米，两头为斜墙。畦与畦间留1米宽，便于操作，四周最好用土围墙，即加厚墙体，以利保温。

②床土的回填。床土要求是干净卫生、从未种过甘薯的土，以防传染茎线虫等病害。先在床底填土约5厘米厚，上面填酿热物和床土的混合物。酿热物用麦草、破碎的玉米轴、杂草均可，如有牛、马粪更好。酿热物与床土的比例以（0.5～1）：1为宜，同时掺入一定量腐熟的有机肥，拌匀。酿热物与床土混合物回填厚度以10～15厘米为宜。上层回填干净的床土5～10厘米。减少过去那种纯酿热物层由于酿热物发酵升温引起的烧苗。

③排种。排种前首先对薯种进行严格挑选，挑选无茎线虫、无黑斑、无破伤、无霉烂的健康种薯，用筐装或网袋装后，用50%多菌灵可湿性粉剂500～600倍药液浸种5分钟或用50%甲基硫菌灵可湿性粉剂200～300倍药液浸种10分钟，浸种后立即排种。为防止薯苗过密影响剪苗，必须稀排种，种薯之间保留2厘米的间隙（图47）。

图47　稀排种

④浇水。排种前如果酿热物和床土都较干，可少浇水，应在排种前2～3天进行，水量以排种时床土不沾手为宜，以利排种时操作。排种后如果沙较湿，可直接盖沙6～10厘米，不浇水；如果沙较干，可直接用喷壶浇少量水。7～10天后选择晴天上午浇水，以后也不要浇大水。出苗后耗水量逐渐加大，适当增加浇水量。以后每次高剪苗后，都要浇透水。这种浇水方法，改变了过去那种排种后即浇大水，常因温度低、氧气少发生烂床的现象。

⑤覆膜。阳畦育苗采用双层膜覆盖的方法，增温快、出苗齐。贴床覆盖透光性好的薄地膜，上面盖塑料农膜、压实。有条件的夜间最好盖草苫。

（2）冷床覆膜育苗。冷床覆膜育苗是长江流域和北方薯区目前应用较多的育苗方式。

利用日光温室＋大（小）拱棚育苗（图48）。在上一年11月排种，一个月左右开始剪苗；2月初（日平均气温上升到0℃左右）排种，利用温室冷床进行第一段育苗；3月初剪苗移栽到小拱棚中，按照行距30厘米、株距10厘米规格建立采苗圃；4月初即可采剪20厘米以

图48　冷床覆膜育苗

上的薯苗，移栽到大田。

（3）小拱棚育苗（图49）。3月中下旬，当地日平均气温稳定在7~8℃时开始排种，5—6月采苗。

图49　小拱棚育苗

①苗床准备。苗床地址宜选在背风向阳、排水良好、土层深厚、土壤肥沃、土质不过黏过沙、靠近水源、管理方便的生茬地或3年以上未种甘薯的地块。育苗床在排种前应施足基肥，每平方米施用腐熟的羊粪或猪粪5千克、硫酸铵（N含量21%）50克、过磷酸钙（P_2O_5含量≥18%）60克、硫酸钾（K_2O含量50%）40克；肥料要深施，土层厚度3~5厘米，基肥和床土应掺拌均匀，以免烧苗。育苗床宽1.2~1.5米，深45~50厘米，长度因场地而异，苗床挖好后把床底和四面的床壁铲平，便于排种。

②种薯准备。选取具有原品种特征，薯形端正，无冷、冻、涝、伤和病害的种薯块，单块大小为150~250克。种薯消毒用50%多菌灵可湿性粉剂500~600倍药液浸种3~5分钟，或用50%甲基硫菌灵可湿性粉剂200~300倍药液浸种10分钟，浸种后立即排种。

③排种覆膜。

排种：根据品种萌芽特性确定适宜的排种方式和密度。如：出苗少的品种宜采用斜排法，头压尾的1/3，排种密度为20~

25千克/米²；出苗较多的品种宜采用平排、稀排法，种薯间保留1～5厘米间隙，排种密度为15～20千克/米²；斜排法排种时要分清头尾，不应倒排。排种时应做到上齐下不齐，以方便后续盖土管理。

覆膜：种薯排好后把过筛的壤土均匀覆盖在上面，厚度2～3厘米。覆土后浇透水，再覆盖一层细沙，厚度1厘米左右。需要覆盖地膜的，可在覆沙后覆盖一层塑料薄膜，地膜与床面要留有一定空隙（图50）。

④温度管理。苗床排种后到出苗前是发芽出土阶段，应高温高湿。排种后10天内，前4天床温宜保持在32～35℃，

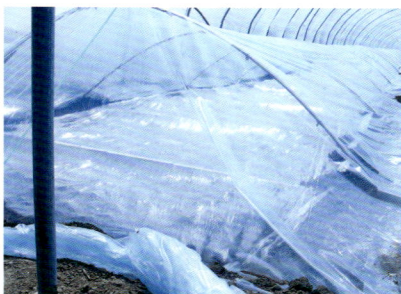

图50　地膜与苗床留有空隙

最高不超过37℃，有利于促进萌芽、伤口愈合。其后3～4天床温保持在32℃左右，最后几天床温也不宜低于28℃；幼苗出齐后至采苗前2～3天是长苗阶段，应采取夜催日炼的措施。床温保持在25～30℃，薄膜内气温不宜超过35℃，以免烧苗。如膜内气温过高时，可从苗床边缘将薄膜撑开，留出缝隙，徐徐通风降温。不可大揭大敞，以防芽苗枯尖干叶。此期气温较低，夜间仍应严密封盖保温，促苗生长；采苗前3～5天，应进行炼苗，提高薯苗在田间自然条件下的适应能力。此期应揭去覆盖物，日晒夜晾，同时薯苗充分见光，以使薯苗生长健壮，适应大田生长环境。采苗后的苗床管理又转入以催为主的阶段，采苗后苗床尽快覆膜增温，促使小苗生长。

⑤水肥管理。甘薯上床后至出苗前一般不需要浇水，如床土过干，可在晴天中午适当浇水；幼苗出齐后苗床相对湿度应保持在80%左右。浇水应注意干湿交替，可根据薯苗生长和床土的墒

情，小水轻浇、匀浇。浇水时间本着"前期午前、后期午后"的原则；采苗前2～3天应停止浇水，采苗当天不浇水，以利伤口愈合和防止病菌感染。为了防止小苗萎蔫，采苗后可给采出的小苗少量喷水。采苗后一天，可根据苗床长势进行适当追肥，结合浇水苗床施纯尿素50～100克/米²催苗。再盖上薄膜，把床温升到32～35℃，促使秧苗生长，经过3～4天后，又转入低温炼苗阶段。

⑥及时采苗。薯苗长到25～30厘米，经过3天以上的炼苗处理即可剪苗。剪苗要采取高剪苗方式（图51），即在离土面5厘米部位剪苗，保留底部1～2片叶。尽量选择短节间薯苗。高剪苗方式可有效减轻薯苗黑斑病、茎线虫病等，降低幼苗带病率，有效防止或减轻大田病害的发生；同时剪苗不破不芽原基，不影响下一茬出苗量。采苗时，在更换品种前，用2%氯化钠浸泡剪刀3～5分钟消毒。应坚决杜绝拔苗栽插或拔苗后再剪根。

图51 高剪苗

⑦壮苗标准。壮苗标准是指叶片鲜绿、舒展叶7～8片、顶三叶齐平、叶片大而肥厚、茎粗而节匀、茎上无气生根、无病虫害、株高25厘米左右、苗龄30～35天；春薯苗百株重700克以上，夏薯苗1 500克以上。

3.脱毒甘薯快繁技术

病毒病是甘薯生产上的重要病害，是导致甘薯产量降低、品质下降和种性退化的主要原因之一。据估计，甘薯病毒病可使甘薯产量损失50%～90%，我国每年因病毒病造成的甘薯损失高达40亿元。由于长期的无性繁殖，甘薯一旦感染上病毒，病毒就会在体内不断增殖、积累、代代相传，使病害逐代加重，造成甘薯产量降低、品质变劣和种性退化，对甘薯生产造成严重危害。实践证明，茎尖分生组织脱毒培养技术为有效控制甘薯病毒病提供了新途径，是防治甘薯病毒病最有效的方法，增产幅度达20%～40%。甘薯脱毒苗能有效地恢复品种优良种性、增强抗性、提高产量和改善品质、延长种薯的繁殖期限。脱毒甘薯的优点如下：

（1）改善了营养生长状况。茎尖脱毒苗田间春、夏栽均表现缓苗快、长势旺。脱毒苗的主要营养生长指标如主茎长、叶面积、茎分枝、茎叶鲜重、干重均显著或极显著优于未脱毒苗。山东省农业科学院的研究结果表明，脱毒甘薯苗比普通甘薯苗主茎长增加43.3%，后期茎叶干重增加118.0%，光合强度提高21.0%，块根增产67.2%以上。

（2）改善了产量构成性状。脱毒甘薯营养生长旺盛，产量构成性状明显变优。

①薯重增加明显。脱毒苗（图52）较未脱毒苗（图53）栽后块根膨大早、膨大快，在各生育期块根鲜重脱毒苗比对照明显增加，产量大幅度提高，一般每亩产鲜薯可达3 500～4 500千克，单株平均产量1～1.5千克。增产幅度可达到56%～133%，一般每亩可增产鲜薯500千克以上，脱毒甘薯的大、中薯（大薯单薯重大于0.25千克，中薯单薯重0.1～0.25千克）率提高幅度可达5.3%～25.5%，平均13.3%，大、中薯率越高，甘薯的商品率也越高。

图52　脱毒甘薯苗

图53　未脱毒甘薯苗

　　②出干率增加。收获后取样烘干或自然风干，脱毒甘薯的出干率增加幅度为0.4～2.9个百分点，自然晾干测定增加0.2～1.3个百分点。

　　③抗病性增强。脱毒甘薯对黑斑病等病害的抗性明显增强，田间收获期可以看出，脱毒甘薯的薯块表皮光滑平整，颜色鲜艳，一般没有黑色斑块和龟裂，而未脱毒甘薯的薯块表面往往易产生不同程度的黑色斑块和龟裂。试验表明：脱毒苗对黑斑病、黑痣病的防效为90%～100%，对茎线虫病的防效在75%以上。

　　④出苗量增多。据调查，脱毒薯一般较未脱毒提前2～3天出苗，苗量增加15%～35%，而且苗子粗壮、质量好（图54）。

　　近年来，甘薯病毒病有愈

图54　脱毒种薯出苗多

来愈严重的发展趋势。2009年以前，甘薯发生病毒病一般减产20%～30%；2009年以后，新发现的甘薯褪绿矮化病毒（SPCSV）与原有的甘薯羽状斑驳病毒（SPFMV）协生共侵染引起的甘薯病毒病害（SPVD）（图55）导致减产幅度高达47.3%～83.6%，甚至绝收。SPVD在全国薯区部分发生，且扩散速度快，造成严重减产和品种退化，已成为甘薯产业健康稳定发展的重大威胁。

由于目前还没有有效的抗病毒病品种或防治措施，因此，采用茎尖脱毒技术防治甘薯病毒病是最有效的措施（图56）。

图55　甘薯SPVD病毒病

图56　显微镜下的甘薯茎尖

传统的脱毒甘薯繁育技术包括脱毒试管苗、原原种、原种和生产种四级繁育体系，其主要缺点是周期长、易感病毒病，并且随繁殖代数的增加而逐代加重，种薯质量下降，经济成本高。推荐采用脱毒甘薯苗两年三段制繁育技术，不提倡自留种自繁苗。

脱毒甘薯苗两年三段制繁育技术

第一阶段（第一年1—11月）（图57）。以农业科研单位和农业高等学校为技术依托、以企业为主体建立健康种苗繁育中心，优化现有的茎尖脱毒、组培快繁、病毒检测技术，利用甘肃、宁夏、陕西（陕北）、内蒙古等地区粉虱、蚜虫等病毒传播媒介少的区域优势，建立健康种薯繁育基地，实行"东种西繁"或者"南种北繁"，负责繁育脱毒原种薯或者提供脱毒穴盘薯苗。

图57　第一阶段　繁育脱毒种薯或薯苗

第二阶段（第一年11月至第二年5月）（图58）。在甘薯主产区，专业育苗企业利用脱毒原种薯或者穴盘苗在日光温室、大拱棚等设施内进行扩繁。

第三阶段（第二年2—5月）（图59）。家庭农场、种植合作社等利用专业育苗企业生产的薯苗在大拱棚内进行扩繁，生产健康大田薯苗。

图58　第二阶段　利用日光温室扩繁脱毒薯苗

具体方法：大拱棚起垄栽植，垄距80厘米、垄面宽40厘米，垄高20厘米左右，株距8～10厘米，交叉栽两行，1.5万～2.0万株/亩。40天左右开始采剪苗，供大

图59　第三阶段　利用大拱棚扩繁大田薯苗

田种植。停止剪苗后进行疏苗，便于商品薯生长，7月上中旬可以收获一定量的商品薯，提早上市。这种模式可以实现甘薯育苗＋生产，种植效益可观。

4.烂床原因及防止方法

发生烂床的主要原因是病害，种薯带有黑斑病、根腐病、茎线虫病等病菌，在苗床上发生传染，造成烂床；或种薯受生理性病害影响，如受冷害、涝害、缺氧等。万一发生烂床，应认真分析原因，积极设法补救。

（1）少量烂薯。发生原因：种薯收刨过晚，部分种薯受到霜打头；种薯在窖门口受到冻害或个别地方窖顶滴水，受到湿害；温汤浸种种薯受热不匀，或水温过高，烫坏了种薯；种薯碰伤过重，感染病害。如发生点片烂床，可扒出烂薯，补植同品种的种薯；也可将四周的种薯稍排稀些，照常管理。

（2）局部烂床。发生原因：苗床的高温点温度超过40℃，又未及时发现，种薯基部先烂；温汤浸种某一次温度过高、时间过长，或将开水直接泼在种薯上；经过温汤浸种后的种薯受冻或浸种后种在温度很低的苗床上，盖沙薄，保温不良；雨水从薄膜的破洞漏入，局部积水受涝等。发生局部烂床时，可把坏薯扒掉，换上新沙和用500倍50%硫菌灵浸种10分钟重作畦栽种。

（3）大面积烂床。发生原因：整个苗床温度过高，水分过多，发现晚，时间长；排种后将塑料薄膜直接盖在沙面上，封闭过严，温度高、时间长，种薯窒息死亡而烂床。

（二）整地

1.深耕

甘薯为块根作物，要求土层深厚、土质疏松和通气良好的土壤环境，因此除选择较沙性的土壤外，在栽植前必须进行深耕，为甘薯生长创造良好的土壤环境。种植淀粉型品种深耕一般以33厘米左右为宜，过深则生土上翻、肥力差，不易满足甘薯养分需求，往往造成减产；种植鲜食型品种耕旋地以25厘米为宜，尤其是土层深厚松散的沙壤土，旋耕次数不可过多过深，否则薯块长度过长影响销售。深耕后要破除坷垃，深耕的方法可因地制宜，在丘陵梯田或平原，可用机耕、深耕犁、套二犁等；山岭薄地要用熟土覆盖在上，结合深耕施足底肥。

2. 起垄

起垄种植（图60）甘薯的好处是加厚松土层，比平栽接受日光的面积大，能提高地温、加大温差，有利于排水，土壤透气性好，促进甘薯块根膨大。有试验表明，垄作比平栽增产7.0%～8.9%。垄向以南北为宜。根据中国农业科学院甘薯研究所试验，南北垄向垄面受光充足，而东西垄向的北面受光少，对甘薯生长不利，垄向南北比东西增产7%。在斜坡地上，打垄要保持与斜坡成垂直方向，以减少土壤冲刷。打垄时要注意土壤不过湿或过干，以保持垄土疏松。夏季起垄宁干勿湿，因为湿地打垄后紧接着下雨会使土壤严重板结，造成减产。无论何

图60　甘薯起垄种植

种起垄方法，都要求垄形要高胖、垄沟要深窄，既有利于排水、防旱，又有利于块根膨大。起垄后垄面要耙平耱实，以利保墒。一般春薯茎蔓较长，适宜垄宽75～85厘米、垄高30厘米左右；夏薯茎蔓较短，适宜垄宽70～80厘米、垄高25厘米左右。

（三）施肥

1.甘薯的需肥特点

（1）平衡施肥。甘薯产量高，根系发达，吸肥力强。综合国内外资料，平均每生产500千克鲜甘薯，需从土壤中吸收纯氮（N）1.86千克、五氧化二磷（P_2O_5）0.86千克、氧化钾（K_2O）3.74千克。其中以钾最多，氮次之，磷最少。氮、磷、钾比例约为2∶1∶4。从单位面积需肥看，每亩产2 500千克鲜甘薯，按上述指标计算需从土壤中吸收纯氮9.28千克，纯磷4.28千克，纯钾18.70千克。由于肥料利用率的限制，加之肥料的流失、挥发，同时为了培肥地力，还需相应地增加施肥量。目前在一般情况下，增施三要素肥料可获显著的增产效果。据山东农业大学史春余教授试验表明：土壤氮钾比为0.5时，甘薯块根产量最高。

（2）注重钾肥施用。甘薯是喜钾作物。山东农业大学史春余教授研究表明，在甘薯块根形成期，施钾促进了块根形成期形成层细胞的迅速分裂，提高了初生形成层的活动能力，从而促进了甘薯不定根向块根的分化建成，增加了块根数量，提高了块根的整齐度，块根产量显著提高。钾肥施用时间越早，越有利于甘薯早发、快长，促进块根早形成、快膨大；光合产物由叶片向块根运转效率的高值持续期越长，越有利于提高光合产物在块根中的分配。因此，在土壤肥力偏低条件下，钾肥全部基施；在土壤肥力中上条件下可基施50％，封垄期追施50％。这样施用钾肥，甘薯经济系数和块根产量最高，是最经济有效的施肥方法。

（3）有机无机肥料配施。一般来说，施用有机肥料能够提高甘薯品质，研究表明，施用有机肥能提高甘薯块根粗蛋白和中性洗涤纤维含量，但由于有机肥在短时间内难以快速提供大量营养元素，因此有机无机肥料配合施用对甘薯生长的协同调控具有重要作用。与施用化肥相比，有机无机肥料配合施用不仅能增加结薯数和薯块重量，显著提高块根产量，还能提高块根淀粉和可溶性糖含量，降低块根硝酸盐含量。针对不同质量的土壤，通过田间试验来制订适宜于甘薯生长的有机无机肥料配合施用方案，对于提高肥料利用效率和甘薯的产量和品质均有重要的理论及实践意义。

（4）新型肥料。目前已有不少关于新型肥料在甘薯上的研究，施用腐植酸可提高甘薯对各矿质营养元素的吸收积累量，提高收获期土壤中有效磷和有效钾含量。对于食用型甘薯品种，施用腐植酸显著促进蔗糖、果聚糖等在块根中的积累。腐植酸缓释钾肥可提高甘薯叶片光合作用和吸收根的根系活力，对钾素释放具有较好缓释效果。施用腐植酸缓释钾肥显著提高钾肥吸收利用率、农学利用率、偏生产力和块根产量。腐植酸钾肥和有益菌类对甘薯有显著的增产效果，土杂肥能改良土壤结构和平衡养分，土壤中丰富的有机质有利于块根产量的显著增加。在一定的氮、磷、钾大量元素供给水平基础上，配合叶面喷施微肥铁、锌、锰，可以促进甘薯的生长发育，增加薯块数和薯块重。在氮、磷、钾配施基础上加入土壤调理剂制成的保水专用肥，可以加速甘薯前期的生长速度，促进甘薯多结薯，提高产量。在甘薯栽秧之前基施新型有机无机缓释肥料，一方面有利于甘薯早分枝、早结薯，显著提高块根产量；另一方面，可提高块根干物质率以及淀粉和可溶性糖含量，降低块根硝酸盐含量，有效改善块根品质。

2. 施肥技术

甘薯施肥应掌握以农家肥为主、化肥为辅，基肥为主、追肥为辅的原则。我国北方春甘薯生长期较长，生长前期的气温较低，雨水较少，肥料分解较慢，尤其应重视基肥的施用，才能提高施肥增产的效果。高产甘薯的关键是施足基肥。

（1）基肥。甘薯虽具有耐瘠特性，但其生长期长、吸肥力强、消耗土壤中的养分多，因而高产甘薯吸肥量多于其他作物，必须施足基肥，以充分发挥其高产特性。一般高产田的土壤中要求含有机质在1%左右，全氮0.05%～0.07%，有效磷20毫克／千克以上，速效钾100毫克／千克左右。综合高产田资料，高产鲜薯4 000千克以上的高产田，平均亩施纯氮（N）16千克、五氧化二磷（P_2O_5）22千克、氧化钾（K_2O）35千克。由于甘薯多种植在沙质土瘠薄地上，土壤中含养分少，加上施肥不足，使甘薯产量不能大幅度增加。因此必须广开肥源，施足基肥，提高地力，以促甘薯增产。基肥施用量与产量的关系：一般亩产鲜薯1 500～2 000千克，需施土杂肥2 000～2 500千克；亩产鲜薯2 500～3 500千克，需施土杂肥4 000～5 000千克；亩产鲜薯4 000～5 000千克，需施土杂肥7 500～10 000千克、过磷酸钙25～40千克、钾肥25～40千克，或草木灰250千克左右。基肥的种类：高产田宜使用土杂肥、过磷酸钙等含氮较少的肥料作为基肥，以利控制茎叶徒长；而缺氮严重的沙土、山丘旱薄地，茎叶生长不良，则应增施猪圈肥等含氮较多的肥料作为基肥。甘薯施用绿肥作为基肥有显著的增产效果。

在基肥的施用技术上，高产田施肥较多，宜采用深层施肥与分层施肥相结合、粗肥深施与细肥浅施相结合、迟效肥料与速效肥料相结合的方法。由于甘薯的根系多分布在30厘米左右深的土层内，所以基肥要施在30厘米左右的土层内，才有利于根的吸收。尤其是磷肥的溶解度低，磷酸离子在土壤中扩散很慢，因此磷肥更应深施。

（2）追肥。甘薯追肥应根据土壤肥力、基肥用量、甘薯不同生长时期和生长情况而定。如果土壤肥力低，施基肥不足或生长不良时，则应及早追肥，促使甘薯生长。

①早追提苗肥。甘薯追施氮肥宜早不宜迟，一般在栽后3～5天，最迟不超过15天，追施速效氮肥，并配合磷、钾肥料，增产效果显著。追提苗肥可使地上部迅速发展，扩大绿叶面积，提高光合生产率，增加干物质积累，提早结薯，并促使块根膨大。通常每亩可施硫酸铵10千克，在垄半坡偏下处开沟集中追施，并覆土盖平。对小苗适当多施，以促使平衡生长。

②重追结薯肥。栽后30～40天是甘薯分枝结薯期，薯块开始膨大，吸肥力强，此期追肥能达到壮株催薯、快长稳长的目的。施肥量因薯地、苗势而异，长势差的多施，每亩追硫酸铵7.5～10千克或尿素3.5～4.5千克或硝酸铵4.5～6.0千克，硫酸钾10千克或草木灰100千克；长势较好的，用量可减少一半。如提苗施氮量较大，结薯肥就应以磷、钾为主，氮肥为辅；提苗肥适宜的，氮、钾并重；基肥用量多的高产田可以不追肥，或单追钾肥。施肥同时结合灌水，施后及时中耕。

③催薯补钾肥。一般在栽后90～100天追施钾肥。一是叶片中增加含钾量，能延长叶龄，加粗茎和叶柄，使之保持幼嫩状态；二是提高光合效率，促进光合产物的运转；三是茎叶和薯块中的钾、氮比值高，能促进薯块膨大。催薯肥如用硫酸钾，每亩施10千克。施肥后及时浇水，能尽快发挥其肥效。

④根外追肥。栽后90～140天是薯块膨大阶段，喷施磷、钾

肥，不但能增产，还能提高薯块质量。用0.3%的磷酸二氢钾溶液，在下午3时以后喷施，每亩喷液75 ~ 100千克。每隔15天喷1次，共喷2 ~ 3次。甘薯是忌氯作物，不能施用含有氯元素的肥料。

（3）鲜食型甘薯水肥管理。根据鲜食型甘薯需肥规律和不同的土壤肥力水平，科学运筹肥水。

①施足基肥。丘陵旱薄地或沙土地（土壤速效氮含量低于60毫克/千克），增施有机肥和氮素化肥以及适量磷、钾肥作基肥，每亩施用猪粪、鸡粪等含氮丰富的有机肥3 000千克左右、纯氮（N）8 ~ 12千克、磷（P_2O_5）5千克左右、钾（K_2O）20千克左右，其中，钾肥50%作基肥施用、50%封垄期追施。

肥力水平较低的沙壤地（土壤速效氮含量60 ~ 80毫克/千克），施用含氮较少的有机肥、平衡使用氮磷钾化肥作基肥，每亩施牛、羊粪等有机肥2 000 ~ 3 000千克、纯氮（N）4 ~ 8千克、磷（P_2O_5）5千克左右，钾（K_2O）8 ~ 16千克，其中，钾肥50%作基肥施用、50%封垄期追施。

肥力水平较高的沙土或沙壤土（土壤速效氮含量80毫克/千克以上），采用控氮、增钾的施肥策略，基肥一般不施用氮肥和磷肥，每亩只施用钾肥（K_2O）16千克左右，施用量以将土壤氮钾比调整到0.5左右为宜，增产效果最好。

②肥水管理。

追肥：要根据地力水平和田间长势追施化肥。田间长势弱的可在栽插后1个月内追施氮肥，施用尿素每亩不超过7.5千克，中期高温多雨不宜追肥；地力水平较低、保肥能力差的地块，在封垄期追施钾肥（K_2O）5 ~ 10千克；甘薯进入块根迅速膨大期后，为防止茎叶早衰，可用0.5%尿素、2% ~ 3%过磷酸钙、5%草木灰、0.2%磷酸二氢钾等溶液进行根外叶面喷肥，每隔7天喷1次，喷施时间以傍晚为宜。采用水肥一体化设施的地块，要根据地力水平、降水情况、甘薯长势等因素确定滴灌次数和肥量。

水分管理：有浇水条件甘薯田，在分枝结薯期（栽植后10～30天）浇水，保持土壤相对含水量70%左右，有利于增加单株结薯数量和中型薯块比例，提高商品薯率。平原地区一定要注意遇涝及时排水，防止地上部旺长，否则不仅造成减产，而且也会导致甘薯的品质和口感下降。

（四）栽秧

1. 栽秧适期

确定适宜的栽秧期。适宜的栽秧期应以甘薯发根长苗对温度的要求来确定。甘薯是喜温作物，地温在10℃时栽苗不发根，15℃的地温需要经过5天才能发根，但生长势差。17～18℃的地温发根正常，20℃的地温3天便可发根，27～30℃的地温只需1天即可发根。气温与地温的关系一般是地温比气温平均高1～2℃。由此可知，气温稳定在15～16℃，即10厘米地温稳定在17～18℃时，开始栽春薯比较适宜。此外，还应考虑晚霜的影响，能避开晚霜危害进行移栽，就更为稳妥。

春薯开始栽秧的10多天里，因温度尚低且不稳定，早栽与晚栽的产量相差不明显。但再往后延迟栽植，则减产明显，每晚栽1天，减产1%左右。因此，春薯栽植应在适期内求早、求快，才能增产。夏、秋薯栽植时气温已高，温度不再是限制条件，应在前茬作物收获后抓紧时间抢栽，或在前作物行中套种，以延长生长期，增加产量。山东省一般在4月下旬至5月上旬栽植，盐碱地可适当晚栽。

夏薯的生长期短，要力争早栽，在5月中旬以后抢时早栽。北方薯区的中、南部要求在6月底前栽完，北部在小暑节气前栽完较为适宜。长江中下游薯区一般在5月上旬开始栽植，栽植越早产量越高。南方薯区麦茬夏薯一般5月栽植，水田或旱地秋薯一般7月上旬至8月上旬栽植。春薯选择在3月底至4月初栽植，夏薯选择在5月中旬至7月中旬栽植，秋薯选择在立秋前后栽植。

2. 栽插密度

（1）合理密植。合理密植能充分利用地力，最大限度地利用现有土壤的养分和水分，从而提高单位面积产量。合理密植能够协调地上部与地下部的关系。试验调查表明，甘薯地上部与地下部生长动态数值（即T/R值）从每亩2 500～5 500株随密度增加而变小，说明合理密植能改善光合产物的分配，最终对提高薯块产量有利。但是，种苗数量多，不仅增加了成本，也不利于个体生长发育，导致大薯块减少，不能增产。

（2）栽植密度。确定合理的密度，应考虑到品种、土壤肥力、生长期、气候等因素。土壤肥力高，水分充足，生长期长的春薯有利于个体发展，密度宜小些；相反，土壤肥力差，容易干旱或生育期短的夏薯不利于个体的发展，就要采取较大的密度，加大群体，争取较高的产量。综合各地密植试验和生产实践的成功经验，北方薯区一般甘薯适宜密度为春栽3 000～3 500株/亩，夏栽3 500～4 000株/亩。鲜食型甘薯要注重提高商品薯率，可根据品种特性适当加大密度，北方薯区鲜食型春薯可适当晚播、密植，密度为3 500～4 000株/亩；鲜食型夏薯可适当早栽，6月上中旬栽植，密度为4 000～4 500株/亩。对于不同肥水地块，丘陵旱薄地栽插密度为4 000～4 500株/亩，平原旱地为3 500～4 000株/亩，水肥地为3 000～3 500株/亩较为适宜。对于不同蔓长品种，短蔓品种宜密，栽插密度为4 000～4 500株/亩，长蔓品种宜稀。因地、因条件相应配置合理的密植方式，才能夺取甘薯高产稳产。

3. 栽插方式和技术

栽插方式和技术对甘薯抗旱能力和结薯特点及产量、品质有明显的影响。

（1）栽插方式。

①直插法（图61）。一般薯苗仅有3～4个节，17～20厘米长。将薯苗2～3个节直插入土中，深约10厘米，1～2个节留在土外。采用直插法时，由于深栽薯苗容易吸取土壤下层水分，在干旱沙土或丘陵坡地，薯苗成活率高、耐旱性强，但由于薯苗入土节数少，有利结薯的部位小，会影响产量。

②斜插法（图62）。这种栽法是目前各地大田生产最常用的栽插方法。它的特点是薯苗入土节位的分布介于水平栽插和直插之间，单株结薯个数比水平栽少、比直插法多，上层节位结薯较少，甚至不结薯块。此种方法适于比较干旱的地区，栽插较易，如适当增加单位面积株数，即使单株薯块数不多，但薯块较大，也可使单位面积薯重有所增加，从而获得高产。

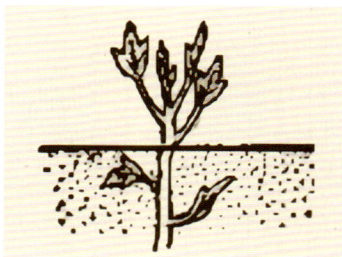

图61　直插法

图62　斜插法

③水平栽插法（图63）。这种栽法的特点是薯苗较长，一般苗长20～30厘米，入土各节平栽在垄面下10厘米深的浅土层中，结薯条件基本一致，各节大都能生根结薯，很少有空节，薯数较多而均匀。配合较好的水肥条件能发挥其结薯多而均匀的优点，

图63　水平栽插法

可获高产。目前各地大面积高产栽培多采用这种栽法。但其抗旱性较差，如遇高温、干旱、土壤瘠薄等不良环境条件，则保苗比

较困难，容易出现缺苗或小株，并因结薯多而营养不足，导致小薯率增多，进而影响产量。

④压藤栽插法（图64）。将去顶的薯苗全部压在土中，使薯叶露出地表，栽好后，用土压实后浇水。优点是由于插前去尖，破坏了顶端优势，因而可使插条腋芽早发，节节萌芽分枝和生根结薯，因为茎多叶多，薯块就比较多；缺点是抗旱性较差，对天气条件要求高，费时费工，只适于小面积种植。

⑤船底形栽插法（图65）。把薯

图64　压藤栽插法

图65　船底形栽插法

苗中部向下弯曲压入土中，苗尖和各节叶子外露，入土部分呈船形。在土壤肥沃、无干旱威胁的条件下采用这种栽插法，由于入土节数较多，多数节位接近土表，有利于结薯；但也有缺点，即薯苗中部入土深的部位往往结薯少而小。

（2）栽插技术。提高栽插技术，保证栽植后苗全苗旺，是甘薯生产的关键。栽插质量标准在于保护母叶，一次全苗。具体过程包括选苗、消毒栽苗、浇水和封窝等。

①选苗。选用壮苗栽插。壮苗的要求是叶片鲜绿、舒展叶7～8片、顶三叶齐平、叶片大而肥厚、茎节粗短、茎上无气生根、无病虫害、株高25厘米左右、苗龄30～35天；春薯苗百株重700克以上，夏薯苗1 500克以上。

②消毒。为防止薯苗带病，采用药剂浸苗，效果很好。薯苗移栽至大田前，用50%多菌灵可湿性粉剂500～800倍药液或50%甲基硫酸灵可湿性粉剂300～500倍药液浸泡薯苗基部10厘米处8～10分钟，以防治黑斑病；用40%辛硫磷乳油400倍液浸苗基部10分钟，以防治茎线虫病。防止苗叶沾水，浸苗后立即栽插。

③栽插深度。栽插深度宜浅，但过浅又不利于保墒和缓苗，一般以5～7厘米为宜，这样可在适于生长的5～25厘米土层内结薯膨大。

④浇水栽插。窝水要满，浇水不仅供应薯苗需水，还能使土苗密接，利于成活，即使土壤很湿，也要少量浇水，保证成活。

⑤封窝。窝水下渗后，用窝外干细土覆盖，尽量不使湿土外露，做到湿土保苗、干土盖面，防止跑墒。无论采取哪种栽插方法，封土时薯苗露头部分必须保持直立，以利保全母叶，促进缓苗。如果露头茎叶与土表接触，容易因土表高温而造成萎蔫甚至死亡，或形成弱苗。

要选择适宜的栽插时间，春天选择晴暖天栽插，夏天选泽阴天或下午栽插，以避免寒流侵袭或烈日暴晒。薯苗剪取后，放在阴湿处摊放 1 ~ 3 天，栽后有利于缓苗成活。

（五）田间管理

加强田间管理，是夺取甘薯高产的重要一环。因此，必须根据各生长阶段的特点，创造适宜的环境条件，因地制宜地运用各项管理措施，促进或控制茎叶生长，协调地上部和地下部的矛盾，达到高产稳产的目的。

1.前期管理

甘薯从栽秧到封垄为生长前期。田间管理的主攻方向是保全苗，促茎叶早发、早分枝、早结薯，以促为主，但不能肥水过猛、用量过大，否则造成中期茎蔓徒长，影响块根膨大。夏薯生长前期气温高，雨水较多，地上部生长较快，但由于生长期短，也应以促为主，要特别注意及时管理。

（1）及时查苗补苗。农谚有"缺一成苗、减一成产"之说，说明保全苗是甘薯丰产的先决条件。因此，在甘薯生产中，首先要提高栽插质量，力求一次全苗。如果发生缺苗，要及时补苗。补苗过迟，会使现在的大苗欺小苗，造成小苗不结薯或结小薯，因此，在栽后一周内应及时进行查苗，发现缺苗，应立即补苗。补栽的苗要选用壮苗，应现采苗现栽植，也可预先假植一部分苗，然后选取壮苗补栽。补栽时，穴施少量速效氮肥，后浇水，待水渗后封土，助其成活且能赶上先栽的植株。

（2）化学除草剂。土壤封闭可选用 50% 的乙草胺 50 ~ 100 毫升/亩或者 72% 异丙甲草胺 120 ~ 130 毫升/亩，兑水 50 ~ 60 千克，于栽后（一周内）喷施并尽量避开薯苗。杂草已经出苗的，可选用 12.5% 的高效氟吡甲禾灵（盖草能）50 ~ 60 毫升/亩兑水 50 ~

60千克喷雾。

（3）早追提苗肥。前期是以氮代谢为主的时期，应适量追施以氮肥为主的氮、磷、钾混合肥料。农谚说："迟追一碗，不如早追一盏"。这说明早追肥的重要意义，特别是在山丘薄地、地力差和基肥不足的地块，更要早施提苗肥。施提苗肥一般在秧苗成活后即可进行。追肥方法：一般每亩施硫酸铵10千克，在垄背旁边开穴，施后浇水，等肥水下渗后，随即盖土。另外，在栽后20多天时，对小苗、弱苗可施少量偏心肥，促进全田植株整齐一致。但在甘薯生长旺盛的地块，不必再追施提苗肥，以免中期茎叶徒长。

（4）及时浇促秧水。甘薯在栽插时要浇足水，在缓苗期一般不要浇水。如遇土壤过于干旱，又有水利条件，可进行喷灌或隔沟轻浇小水，浇水量不可过多。否则会造成土壤板结，影响结薯。

（5）防治地下害虫。甘薯生长前期如有小地老虎和其他地下害虫危害，每亩可施用2千克毒死蜱或辛硫磷加20千克豆饼，豆饼磨碎与毒死蜱或辛硫磷混匀，均匀撒施，然后旋耕、起垄。

2. 中期管理

甘薯从封垄到茎叶生长盛期为中期。该期田间管理的主攻方向：高产田以控为主，即控制茎叶徒长，促进块根迅速膨大；一般田既要促茎叶生长，又要促块根膨大。田间管理的主要措施如下：

（1）拔除杂草。由于中期处于高温多雨季节，田间杂草生长茂密，与旺盛生长的薯苗互争水肥的矛盾突出，若不及时拔除，对甘薯的生长十分不利。拔除杂草时，应尽量避免对甘薯茎叶的损伤，以免影响后期光合效率的提高。

（2）排水防涝。排涝是改善土壤通气性的重要措施。"甘薯不怕涝天，就怕涝地。"甘薯在生长中期，气温高、雨水多、呼吸强度大，通气性不良的易涝地，土壤水分达到田间持水量的80%以上时，即对薯块膨大不利。夏季田间积水，能在一天内排出的，薯块还能发芽；受淹 2～3 天时薯块就会失去生命力，发生硬心或腐烂。故在汛期前，必须预先挖好排水沟，防止雨季受涝。倘若发生涝害，应及时做好排涝工作。

（3）保护茎叶，严禁翻蔓。我国栽培甘薯的地区在历史上都有雨后翻蔓的习惯，以防止蔓节生长细根和结小薯，但翻蔓分散了养料，影响薯块膨大。根据多年来的大量试验证明，甘薯翻蔓一般减产 10%～20%，尤其是干旱年份，翻蔓次数越多，减产越严重。其原因如下：

①翻蔓损伤茎叶。块根积累淀粉等物质 90% 以上来自叶片的光合作用。翻蔓损害茎叶，从而减少光合面积导致减产，且翻蔓次数越多减产越多。

②翻蔓削弱了叶片的光合作用强度。翻蔓后由于叶片翻转、重叠、密集，影响叶片接受阳光，提高了呼吸强度，降低了光合效能，即消耗的养分较多、积累的养分较少。

③翻蔓打乱植株养分的正常分配。翻蔓使养分分配到茎叶较多，向块根运转减少。因为翻蔓损伤了茎蔓的顶梢，促使腋芽发出新枝小叶，消耗大量养分，减少了块根膨大所需的养分。

④翻蔓增加了土壤水分的蒸发量，直接降低了甘薯的抗旱能力。翻蔓固然可以暴晒垄土，减少土壤中过多的水分和提高地温，对于控制茎叶生长有一定的作用，但弊大于利，终致甘薯减产。

因此，翻蔓是一项徒劳无功的减产措施。但是，如果遇阴雨连绵、土壤墒情大或薯蔓被淤埋时，可适当提蔓。提蔓时，应尽量不搞乱茎和叶片的自然分布，减少茎叶损伤，为提高后期光合效率、增加干物质积累创造条件。

（4）化学控旺。甘薯高产栽培上，目前防止茎叶徒长的有效途径主要是通过提高土壤通气状况，合理施用氮、磷、钾肥料，减少氮肥施用量和水分调控等措施控制地上茎叶过旺生长，如果田间长势出现旺长趋势（图66），要及时进行化学控旺。对已经严重徒长的，无论采取什么措施都不会创出高产。如果在封垄期（栽后40～60天）出现植株徒长趋势，每亩可用50%的助壮素40毫升或5%烯效唑50～100克，兑水40～50千克均匀喷施，每隔5～7天喷施1～2次，防止茎叶旺长。采用无人机喷洒时单位面积用药量不变，可增加药液浓度。

图66　旺长甘薯田

（5）防治害虫。防治害虫应掌握"治早、治小、治了"的原则，甘薯生长中期如遇斜纹夜蛾、卷叶虫、甘薯天蛾、造桥虫、黏虫等发生初期，每亩可用甲维盐＋茚虫威（或虱螨脲、虫螨腈、氟铃脲、虫酰肼等）复配成分杀虫剂，配合高效氯氰菊酯、有机硅助剂等，叶面兑水喷雾，均有较好的灭虫效果。

3. 后期管理

甘薯从茎叶生长旺盛期到收获为后期。后期的田间管理方向是护叶、保根、增薯重。后期田间管理的主要措施如下：

（1）防早衰。防早衰是夺取甘薯丰产的关键一环。甘薯生长后期，叶色落黄较快，施肥应以氮肥为主；地上部生长较旺，应以磷、钾肥为主。但无论什么肥料，都不宜进行土壤追施。防早衰的方法是根外追肥，该方法不仅损伤茎叶轻，而且肥效快，是简单易行的措施。每亩用100倍尿素液75千克加入0.5%磷酸二氢钾200克混合，于晴天下午喷洒叶面，以促进茎叶健壮生长，确保结薯数量，加快薯块膨大。

（2）防旱排涝。俗语说："甘薯喜半墒。"尤其是薯块膨大期，土壤温度大，透气不良，薯块膨大速度减缓，不易获得高产；墒情不足，土壤易板结，不利块根膨大，对产量影响也大。因此，应排涝防旱一起抓。干旱时，应隔行浇小水，严防大水漫灌；若阴雨连绵，田间积水时，应力争在12小时内迅速排除，严防水浸，为甘薯的薯块膨大创造良好的环境条件。否则会影响块根膨大，导致出干率降低，降低贮藏性，甚至引起田间腐烂。

（3）防治害虫。后期延长绿叶寿命，防治害虫也是关键。当田间发生甘薯天蛾、斜纹夜蛾、造桥虫等虫害时，应及时防治，其防治方法与中期相同。

（六）收获

收获工作是甘薯生产的重要环节之一。收获时间的早晚与薯块产量、出干率、安全贮藏及加工利用等都有密切关系，而收获质量的好坏直接影响薯块的贮藏。

1. 适期收获的意义

（1）收获期与产量的关系。甘薯薯块是无性营养体，没有明显的成熟期，只要气候条件适宜，就能继续生长。在适合甘薯生长的条件下，生长期越长，产量越高。

（2）收获期与薯块出干率的关系。收获时间早晚和薯块出干率也有较密切关系。收获过早，薯块积累养分的时间缩短，薯块的出干率低；收获过迟，由于受低温的影响，薯块内的淀粉发生水解作用，转化为糖和水分，结果使薯块淀粉含量减少，降低了薯块的出干率。从薯块生长的特点看，9月下旬至10上旬薯块中淀粉积累已达到顶点，鲜薯产量已达到95%。10月中旬至10月下旬产量虽有增加，出干率却有下降，因而一般正常收获期应在10月初至10月中旬。这个时期气温尚高，晒干快、干质好，是春薯晒干加工成淀粉的最好收获期。9月下旬春薯可提早收获，但产量要比适期收获减产10%左右。

（3）收获期与留种的关系。留种用甘薯为了防止早期窖温升高，病害蔓延，可在霜降以前收获（10月24—25日）。11月收获的甘薯因经过9℃以下低温就不能作种，贮藏后容易发生腐烂（冷害）。

（4）收获期与贮藏性的关系。收获期是否适宜，除影响产量、出干率外，还直接影响薯块的贮藏性。据试验，霜降以后（10月27日）收获贮藏的甘薯腐烂率为7%，11月5日收获腐烂率为21%。由此可见，收获过晚是烂窖的重要原因。立冬前后（11月10日）收获的薯种80%会在贮藏期发生腐烂。

2.收获时期

甘薯不像种子作物那样有明显的成熟期，因此也没有明确的收获指标。一般情况下，从两个方面确定本地区的收获适期，一是根据当地作物布局和耕作制度，即后茬作物的适播时期；二是按当地气候变化特点，一般应在当地平均气温降到15℃开始，到12℃时收获结束。在这个温度范围内，还要根据具体情况。在收获次序上，先收春薯，后收夏、秋薯；先收留种薯，后收食用薯。只有从产量、留种、加工、贮藏等各方面全盘考虑，才能达到丰产丰收的目的。

3.收获方法

收获甘薯的方法有两种，一种是机械收获，另一种是人工收获。当前主要是机械打蔓（图67）、机械收获（图68）、人工捡拾（图69）。

图67　机械打蔓

图68　机械收获

图69　人工捡拾

机械收获可以提高收获的速度，效率高，但因薯区地理环境、土壤条件的限制，机械收获的推广受到影响，部分小地块还是人工收获。

收获甘薯是一项技术性很强的工作，关系到贮藏工作的成败。因此，从收获开始到入窖结束，应始终做到轻刨、轻装、轻运、轻放，减少破伤，避免传染病害。在此基础上，严格选薯。选择健薯贮藏，防止断伤、受冻、受涝和带病的薯块入窖。同时，要防止品种间混杂，对不同品种要单收、单藏。

甘薯收获要选择晴天、土壤湿度较低时进行，并做到当天收获当天入窖，不宜在田间放置过夜，以免薯块遭受冷害。

四、甘薯地膜覆盖栽培技术

近年来，随甘薯产业的不断发展，地膜覆盖（图70）在春薯增温、夏薯保墒、协调源库关系、增加产量、改善品质方面作用突出，尤其在各地为适应市场需求而提前甘薯上市时间等因素作用下，甘薯地膜覆盖栽培技术在全国迅速推广开来。

图70　机械覆膜

（一）覆膜作用

1. 保温增温

地膜具有良好的透光保温性能，春薯栽插常遇到低温天气，覆膜后可使土壤温度增高。据试验，覆膜后，10厘米深地温平均日提高2～2.5℃，特别是前期增温显著，对促进甘薯早发快长具有重要作用。

2.保墒提墒

夏薯栽插常遇到干旱天气，由于地膜的阻隔，一方面，可显著减少土壤的水分蒸发；另一方面，使土壤深层的水分向上移动积聚在表层，从而提高土壤表层的含水量。另外，甘薯生育后期喜高温怕涝害，地膜还可以隔离过多的自然降水，防止大雨冲刷薯垄，遇涝有利于排水防涝。

3.提高土壤养分利用率

地膜覆盖可改善土壤的质地和结构，降低土壤容重，缓解土壤板结状况，增加土壤温度和湿度，提高水分、养分的利用率。同时，地膜覆盖改善了土壤微生物的生存环境，提高了土壤中微生物的数量和活性，促进了有机质和潜在腐殖质的分解，加快了土壤全氮的转化和有机质的矿化，提高了土壤肥力。

4.防止不定根下扎

覆盖地膜后，不需要中耕，因地膜的阻隔作用，可防止薯蔓节间不定根下扎，减少养分的无效消耗。

5.防治病害和草害

甘薯线虫病是甘薯的一种毁灭性病害，药剂防治常收不到理想的效果，而覆膜后利用太阳辐射能，提高土壤温度，杀死线虫，防病效果好，且不污染环境。同时，地膜下高温可防除杂草，减少除草用工，避免杂草与甘薯争水争肥。

（二）地膜的类型

地膜的类型很多，按地膜的颜色分，主要有以下几种。

1.无色膜

也称为普通地膜（图71），在生产上应用最普遍的是聚乙烯透明薄膜，这种地膜透光性强，土壤增温效果好，还有一定的反光作用，广泛用于春季增温和蓄水保墒。缺点是土壤湿度大时，膜内形成雾滴影响透光，防除杂草效果不好，覆膜前需要喷施除草剂。

图71 普通地膜

2.黑色膜

黑色地膜在阳光照射下，自身增温快、膜下湿度高，但传给土壤的热量较少，增温作用不如透明的无色膜，但由于其可阻挡光线透过，所以黑色地膜能显著抑制杂草生长，尤其是保墒和除草效果显著优于透明地膜（图72）。

3.黑白膜

指黑白相间膜（图73），在纵向上中间部分约20厘米宽无色

图72　黑地膜

图73　黑白膜

透明，其两侧为黑色。在甘薯移栽时，地膜的无色透明部分透光性好，可提高地温，黑色部分可起到除草作用。

　　除了以上3种地膜外，还有绿色膜、蓝色膜、红色膜、银灰色膜等，在增温、透光、除草、防虫等方面各有特色。此外，从功能上刀还有杀草膜、防虫膜、有孔膜、反光膜等。

（三）覆膜栽插方式

　　覆膜栽插方式主要有两种：一种是先起垄覆膜后栽插，这样操作机械化程度高，可使土壤提前增温，栽后发根快，但移栽时容易损坏地膜，降低增温和保墒效果。另一种是先移栽再覆膜，可保证移栽质量，提高成活率，但这样做机械化程度低，覆膜时费工费时，效率不高。

1. 先覆膜后栽插

我国已研制出多种用于甘薯起垄覆膜的机械设备，甘薯的栽插机械化程度不断提高，集起垄、覆膜、喷药、铺设滴灌带等功能于一体，各项工作完成效果完全符合农艺学标准化栽培要求，与传统操作方式相比，在减轻劳动强度、降低生产成本、提高作业质量等方面优势显著。

在一些山地丘陵地区，地块面积小，不适合大型机械化作业，可使用小型覆膜机械。小型覆膜机械除没有起垄功能外，仍可实现喷药、覆膜和铺设滴灌带同时进行，轻便灵活，操作简单。

2. 先移栽后覆膜

指在整地、起垄完成后，先进行薯苗的移栽，再进行人工覆膜和破膜。该措施虽然费工费时，但好处是方便薯苗移栽，破膜时对地膜的损伤小，地膜的覆盖度高，增温和保墒效果更好，在一些丘陵山区，仍有部分农民使用。

3. 除草剂使用

由于覆膜后除草困难，使用透明膜或黑白膜的地块，在地膜覆盖前要先在垄上喷施除草剂防治杂草。一般每亩可用50%的乙草胺50～100毫升/亩或者72%异丙甲草胺120～130毫升/亩化学除草，兑水50～60千克，均匀喷施垄面，确保喷洒均匀、无遗漏，喷后不要破坏表土。使用黑色地膜的地块，覆膜后要在膜与膜之间的空地上喷施除草剂，不要喷到薯苗上。

（四）栽培技术

甘薯覆膜地块要求盖优不盖劣，应选择土层深厚、地力肥沃、质地疏松、保墒蓄水、有机质含量较高的地块，土层薄、土壤贫瘠、墒情差的地块不适宜覆膜栽培。

1. 足墒起垄

起垄前土壤相对含水量不低于60%，以80%为最适宜。墒情不足时，要人工造墒起垄。起垄可采用机械起垄，各地根据当地种植制确定垄距，一般北方薯区瘠薄地垄距70～80厘米，平原地垄距80～85厘米，垄高25～30厘米，垄直、面平、土松，垄心耕透无漏耕，垄截面呈半椭圆形，南北走向。

2. 施足底肥

起垄前一次施足底肥，一般每亩施用优质土杂肥3 000～4 000千克，根据地力情况施用化肥，其中60%～70%的有机肥结合深翻施入土壤，剩下的有机肥与化肥一起在起垄时集中施入垄内。甘薯施肥应以基肥为主、追肥为辅，化肥施用应少施氮肥、增施磷钾肥。

3. 壮苗早栽

选择壮苗，要求叶片鲜绿、舒展叶7～8片、顶三叶齐平、叶片大而肥厚、茎节粗短、茎上无气生根、无病虫害、株高25厘米左右、苗龄30～35天；春薯苗百株重700克以上、夏薯苗1 500克以上。北方薯区春薯一般4月中下旬，气温稳定在13～15℃时即可进行薯苗移栽，比露地栽培提前7天左右。

4. 覆膜增密

地膜覆盖比露地栽培每亩增加500株，密度保持3 500～4 500株/亩。栽插方式一般采用斜栽或平栽，栽深5～7厘米，地上部保留2个节和顶部3片叶，其余部分连同叶片全部埋入土中。可采用栽后覆膜或者栽前覆膜。采用厚度为0.01毫米的透明膜、黑白膜或者黑膜，要求地膜完整，紧贴表土无空隙，用土压实，留出沟底，以利雨水下渗。栽后覆膜的不要压断薯苗，扣苗后膜口小，湿土封口，封实不透气，避免高温和除草剂熏蒸；覆膜后插栽的可采用插苗棒将苗子斜插或平插入孔内，栽插时顶叶离地面5厘米左右，其余部分连同叶片全部插入土中，栽后用手将孔挤压，减少水分蒸发。

5. 田间管理

（1）查苗补苗。栽后4～5天进行查苗补苗，力争全苗。

（2）前期管理。前期管理以促群体为主，苗期植株较小，又值干旱季节，应根据具体情况及时灌水、中耕除草培垄，促进甘薯根系形成、分化和膨大。后期遇到雨季及时排水。如杂草已经出苗，可选用12.5%的盖草能50～60毫升/亩，兑水50～60千克喷雾。

（3）中期管理。中期注意化学控旺，薯蔓盛长期降雨增多，藤蔓易徒长，可用5%烯效唑24～30克，兑水40～50千克均匀喷施，每隔7～10天喷施1～2次，也可根据甘薯长势酌情增减用量。同时，应注意开沟排涝，防止田间积水。

（4）后期管理。后期注意病虫防治，田间生长期，采用豆饼（麦麸）10～15千克，压碎、过筛成粉状，炒香后均匀拌入40%辛硫磷乳油70克左右，傍晚前后撒在幼苗周围，用量5～6千克/亩，防治地老虎、蝼蛄等；采用4.5%高效氯氰菊酯乳油1 500～

2 500倍液，于幼虫3龄期前尚未卷叶时进行叶面喷施，防治卷叶蛾；采用50%辛硫磷1 000倍液，于幼虫3龄期前叶面喷洒，防治甘薯天蛾。

（5）适时收获。当气温降至15℃时，甘薯不再生长，此时一般可以开始全面收获。可采用机械打蔓、破垄、挖掘，人工拾、分装。经过田间晾晒，当天下午即可分装入窖。收获时轻刨、轻装、轻运、轻卸，多用塑料周转箱装运，尽量减少薯皮破损。

五、甘薯轻简化栽培与水肥一体化技术

近年来，随着种植环境的改变，甘薯种植田块从传统的干旱贫瘠的岗坡地、石边地，逐步演变成设施大棚、坡地套作地、平原旱地或水浇田；随着劳动力逐渐向城市转移，以及人工等生产成本的增加，轻简化栽培成为了甘薯产业化、规模化种植的前提。轻简化栽培技术相对于传统的栽培技术而言，是一种作业工序简单、生产投入较少、省时、省力、节本、优质、高效的栽培技术，其主要内容就是机械化或半机械化栽培技术。而水肥一体化技术是现代种植业发展的一项综合管理措施，它是在灌溉的同时，通过灌溉设施将肥料输送到作物根区的一种施肥方式，具有显著的节水、节肥、省工、高效、优质、环保等优点，既可提高甘薯插秧的成活率，又解决甘薯生长中后期的季节性干旱及追肥难的问题，实现甘薯栽培的定向调控与优质高产稳产。利用文丘里施肥器进行田间施肥具有移动方便、施肥均匀、灌溉与施肥同步进行等优点，实现水肥同步管理和资源高效利用。该技术适宜在有灌溉条件的各薯区应用，每亩增加投入150元左右，可增产20%以上，可实现甘薯产量和品质的协同提高，具有广阔的发展前景。在甘薯生产上将轻简化栽培与水肥一体化技术相结合，主要包括以下步骤。

（一）选地

要求排水畅通，表土疏松，有灌溉水源，利于大型机械展开的地块，最好是土层深厚、无甘薯病害的生茬沙质土壤，pH 为5.0 ~ 7.0。

（二）起垄、施肥、喷药、铺管、覆膜

采用旋耕机旋耕，使土壤疏松，表土层深度达到30厘米，使用甘薯专用起垄机进行起垄、施肥、喷药、铺设滴灌管、覆膜（图74）。

图74　机械起垄覆膜

1. 起垄

根据不同的土壤类型和地形特点确定起垄规格。平原肥地宜采用大垄双行，垄距100～110厘米，垄高30～35厘米；山区丘陵薄地宜采用单垄单行，垄距75～85厘米，垄高25～30厘米。起垄时要垄形高胖，垄面平整，垄土踏实，无大坷垃和硬心。

2. 施肥

可施用商品有机肥作底肥。选择颗粒状的有机肥，应注意颗粒的完整性，否则容易在使用中发生卡塞机器的问题，由于有机肥集中施用于整条垄中，减少了非甘薯根系区域的肥料浪费，所以有机肥每亩用量在100千克左右即可。

3. 喷除草剂

采用机械前端的微喷头将预先稀释好的除草剂喷施于即将起

垄的土壤上，农药使用72%异丙甲草胺（都尔）乳油，每亩0.1～0.15升兑水30～40升。主要防治稗草、马唐、金狗尾草、牛筋草、早熟禾、画眉草、臂形草、黑麦草、虎尾草、芥菜、小野芝麻、油莎草、水棘针、菟丝子等，对后茬作物安全。

4. 铺设滴灌管

在所起的垄面中间凹陷处，使用机械同时铺设一次性滴灌带。甘薯田中的滴灌带由于田间操作和地下害虫的破坏，不能多年重复使用，所以在生产中推荐一年更换一次，滴灌带可选择贴片式或迷宫式，滴灌带出水孔一边放在垄的中间位置。滴灌带的规格为滴头间距20厘米，出水量1.7升/小时即可满足需求。

5. 覆黑色或黑白相间地膜

黑色或黑白相间地膜除了可以提高甘薯垄的土壤温度外，还可以抑制杂草的生长。黑膜或黑白膜厚度不低于0.01毫米，单垄宽度不低于90厘米，双垄宽度不低于120厘米。生产上一般采用先栽插后覆膜的方式，覆膜质量决定覆膜效果，要求地膜完整无破损、紧贴表土无空隙，用土压实边缘。

（三）移栽

北方薯区一般集中在5月1日前后栽插，采用地膜覆盖技术可提前5～8天栽插。栽插时只留顶部3片展开叶，其余部分连同叶片全部埋入土中。栽插深度以5～7厘米为宜，栽后封严窝，封实不透气，避免高温和除草剂熏蒸伤害薯苗。薯苗栽插后及时滴水保苗，试验证明成活率可保证在98%以上。

（四）膜下滴灌水肥

1. 栽后水分管理

栽插后，根据土壤墒情进行田间滴水。土壤相对含水量≥80%，不需要进行田间滴水；60%≤土壤相对含水量<80%，滴水5米³/亩；40%<土壤相对含水量<60%，滴水10米³/亩；土壤相对含水量≤40%，滴水15米³/亩。

2. 栽后20～80天的水肥管理

第一次水肥滴入时间为栽后20天，滴肥量为10千克/亩腐植酸水溶肥；第二次和第三次水肥滴入时间分别为栽后50天和80天，滴肥量均为10千克/亩腐植酸水溶肥。视田间墒情，一般总滴水量不超过10米³/亩。

3. 栽后80天以后肥水管理

栽插80天以后，根据田间降雨情况，进行田间滴水，若持续无降雨，可在栽插后80～120天进行1～2次田间滴水。

（五）灌溉施肥的操作

1. 肥料溶解与混匀

施用液态肥料时不需要搅动或混合，一般固态肥料需要与水混合搅拌成液肥，必要时分离，避免出现沉淀等问题。在使用文丘里施肥器（图75）时应当配备施肥桶，根据地块大小配备不同大小的施肥桶，施肥桶底部打孔连接文丘里施肥器的进肥口或用橡胶皮管一端与文丘里施肥器连接，另一端放于施肥桶底部。在施肥时调节主管路球阀，使文丘里施肥器前后产生压力差，进而在进肥口处形成负压，将肥料吸入管路。

图75　文丘里施肥器

2. 施肥量控制

施肥时要掌握剂量，注入肥液的适宜浓度大约为灌溉流量的0.1%。例如灌溉流量为50米^3/亩，注入肥液大约为50升/亩；过量施用可能会使作物致死以及环境污染。

3. 灌溉施肥的程序分3个阶段

第一阶段，选用不含肥的水湿润，一般先滴水20～30分钟；第二阶段，施用肥料溶液灌溉；第三阶段，用不含肥的水清洗灌溉系统，一般待肥料全部滴入后，再滴水20～30分钟。

（六）机械化收获

北方薯区正常收获期为10月上中旬，也可以根据市场需求和田间长势提前收获。大多数甘薯呈纺锤形，薯块较大，大中薯率高，丘陵地区可以采用手扶拖拉机带专用收获犁尖将薯垄破开，薯块滚落两边，再人工收拾，这种犁垄收获方式漏耕、掩埋较少，基本不用人工补挖，每天可收获6～10.5亩，相当于15～20个挖掘人工。平原地区一般采用大中型拖拉机牵引专用收获机械完成机械化收获。该机械为联合收获机，具有茎叶清除功能，可以一次完成挖掘—输送—分离—清选—升运过程，与拖拉机配套，配有液压控制系统，结构比较复杂，虽价格昂贵，但效率较高。

在上述技术方案的基础上，加强田间管理。如果发生病虫害，可根据程度适当施用高效、低毒、低残留的生物农药加以防治，并在整个生育期内土壤缺水时，利用已经铺设的滴灌带进行膜下滴灌。通过选地以利于根系发育、块根的形成和膨大，保证薯块的外观商品性；施用有机肥，可改善土壤物理性状，使土壤水、气协调，益于微生物的繁殖活动，加速有机肥料分解，利于薯苗生长、薯块增多和膨大。通过起高垄，可增大光合面积；覆黑色地膜，可提高地温、抑制杂草生长、防止薯蔓不定根的发生，减少除草剂的使用，雨季利于排水，促进甘薯生长；采用高剪苗技术，可在很大程度上避免薯苗携带病菌，预防黑斑病、根腐病及线虫病。根据甘薯需水需肥特性，分期进行滴灌施肥或浇水，提高薯苗成活率，防止中期地上部疯长，防止后期脱肥早衰，减少植物生长抑制剂的使用，促进甘薯光合产物向薯块转移，从而实现甘薯的优质、高产（图76）。

图76　滴灌覆膜与露地栽培产量比较

六、甘薯病虫害防治技术

（一）甘薯黑斑病

甘薯黑斑病（图77），又名黑疤病、黑疔、黑膏药等，此病于1937年从日本传入我国。目前，此病在我国已蔓延到26个省份，是造成苗床期死苗、大田生长期死秧、贮藏期烂薯的主要病害。病薯还可产生有毒物质，食味极苦，引起人、畜中毒死亡。此病可随薯块、薯苗的调运而远距离传播，被列为国内检疫对象。

图77　甘薯黑斑病

1. 危害症状

（1）育苗期。如种薯或苗床带菌则侵染幼芽茎部，产生凹陷的圆形或棱形小黑斑，后逐渐扩大，环绕薯苗茎部呈现黑脚状，地上部叶片发黄或使幼芽变黑腐烂。温、湿度适宜时，病部可产生灰色霉状物，即病菌菌丝体和分生孢子，后期病斑丛生黑色刺状及粉状物，即病菌子囊壳和厚垣孢子；苗根受害，往往成段黑腐。

（2）大田期。带病薯苗栽植田间 1 ～ 2 周后，基部叶片发黄脱落，根部腐烂，残存纤维状的维管束，薯苗枯死。块根在收获前后感病较多，病斑多发生于虫伤、鼠咬、裂口处，呈黑褐色，圆形或不规则形，中央稍凹陷，生有黑色刺状物及粉状物。切开病薯，病斑下层组织呈黑色或黑褐色，薯肉有苦味。

（3）贮藏期。贮藏期薯块受害，病斑多发生在伤口和根眼上，初为小黑点，逐渐扩大成圆形或棱形黑斑，中间产生刺状物，贮藏后期病斑可深入薯肉达 2 ～ 3 厘米，与其他真菌和细菌并发，引起腐烂。

2.防治方法

（1）精选种薯。种薯出窖后、育苗前分别挑选种薯。精选时，要严格剔除有病斑、伤口、受冻害的薯块。

（2）种薯消毒。消毒方法有两种：一种为温水浸种，另一种为药剂浸种。

①温水浸种。这是我国北方一些地区沿用多年的有效方法之一。它是借助热力杀伤病菌，以获得无病种薯。

②药剂浸种。利用药剂直接杀死种薯上所带的病菌。有效药剂如下：

用50%甲基硫菌灵可湿性粉剂200倍稀释液浸种10分钟，防病效果达90%～100%；用70%甲基硫菌灵可湿性粉剂300～500倍稀释液浸蘸薯苗，防治效果亦良好，在菌量大的情况下，防治效果仍很显著，兼有治疗和保护作用；此外，用50%多菌灵可湿性粉剂浸种，也有良好的防病效果。

（3）加强苗床管理。育苗时要尽量用新苗床，如用旧苗床，则应将带菌土壤全部清除，并喷药消毒，换上不带黑斑病菌的土壤与粪肥。

（4）药剂浸苗。栽前种苗处理：将种苗捆成小把，用70%甲基硫菌灵可湿性粉剂800 ～ 1 000倍液浸苗5分钟，或用50%多菌灵可湿性粉剂500 ～ 800倍药液浸泡薯苗基部10厘米处8 ～ 10分钟，也可起到较好的消毒防病作用。

（5）高剪苗。因黑斑病菌主要侵染幼苗基部，通过高剪苗，可减少薯苗带菌机会，减轻危害。

（6）轮作换茬。连作往往使土壤中病菌积累，造成病害在大田中恶性循环。故应采取3年以上的轮作，一般与小麦、玉米、水稻、高粱、谷子和棉花等非旋花科作物轮作较好。

（7）建立无病留种地。建立无病留种地是经济有效的措施，可明显降低大田病薯率与出窖病薯率。

（8）高温大屋贮藏。控制黑斑病蔓延烂窖。

（9）检疫防病，防止扩散蔓延。对新引进的种薯种苗一定要严格进行检疫。在有些地区采取"三自"（自留种、自育苗、自栽插）、"三换"（换留种地、换苗床、换薯窖）的基础上，全面开展三查（查病薯、伤破薯不入窖、查病薯不上床和查病苗不下地）、"三防"（防止病薯和病苗引进与调出，防止病薯病苗在本区扩散），收效很大。

（二）甘薯根腐病

甘薯根腐病（图78）也叫烂根病、开花病。1941年美国的麦克户尔首先鉴定出此病的病原物。我国于1937年在山东省首次发现此病。该病20世纪70年代以来在河南、山东、江苏、安徽、河北等省危害严重，一般减产20%～ 30%，严重时可绝收。

图78　甘薯根腐病

1.危害症状

主要发生于大田期，苗期虽也能发病，但危害不大。

（1）育苗期。病苗叶色浅黄，生长缓慢，须根尖端的中部有黑褐色病斑。

（2）大田期。甘薯受害后在不定根尖端或中间开始形成黑色病斑，随病情发展，大部或全部不定根变黑腐烂，有时也危害茎部，形成黑色病斑，严重时使地上茎基部1～2个叶节变黑腐烂。病株一般不结薯或结出畸形薯块，表面有大小不一的褐色至黑褐色稍凹陷龟裂病斑。病株地上部直立，不产生薯蔓，叶片小、较厚、发脆，有时反卷、萎蔫、黄化、枯死，并自下而上脱落。

（3）薯块。病薯块表皮粗糙，布满很多大小不等的黑褐色病斑。病斑初期表皮不破裂，至中后期纵横龟裂，皮下组织变黑色，但无苦味，煮吃无硬心和异味。

2.防治方法

（1）选用抗病品种。选用抗病品种是防治根腐病的最经济有效的措施。选用抗病品种要因地制宜，根据气候、土壤和品种抗病性的变化，以及栽培制度的不同，灵活掌握，坚持不断更换新的抗病丰产良种，控制危害。

（2）培育壮苗，适时早栽，加强田间管理。早栽、早管促早发，减轻发病。春薯育苗要选用无病种薯，做到育壮苗，适时早栽。麦收前锄2～3遍，灭草保墒。发病盛期前（5月下旬至6月上旬），有水源条件的要普遍灌水1次，遇天气干旱应及时浇灌。夏薯在麦收后力争早栽，栽前浇好造墒水，栽后15天左右如干旱无雨，须再灌1次。

（3）深翻改土，增施净肥。对重病田实行深耕翻，以生压熟，并增施无菌有机肥，可降低土壤耕作层的菌量，减轻感病。发病地可在入冬时实行深翻改土，深翻30厘米左右，将病土翻入下层，早春再耕二犁扶垄。对高低不平的病田，用耙耙整平，并结合增施净肥，提高土壤肥力，可收到良好的防病效果。

（4）轮作换茬。对发病严重的地块，实行甘薯与花生、芝麻、棉花、玉米、高粱、谷子、绿肥等轮作，有较好的防病作用。轮作年限，要依发病程度而定。轮作3年的病地仍有不同程度的发病，因此，重病地轮作年限应适当延长。

（5）清洁田园，防止病害蔓延。对田间病株就地收集深埋或烧毁。病区家庭积肥不施在甘薯地。不用病株沤肥和取病土垫圈，病地的薯块晒薯干时要就地晾晒。此外，山区地势高低不同的发病田块，要修好排水沟，以防病菌随雨水自然漫流，扩散传播。

（6）建立"三无"留种地，杜绝种苗传病。建立无病苗床（用无病土、施无病肥），选用无病、无伤、无冻的种薯，并结合防治甘薯黑斑病，进行浸种和浸苗，选择无病地建立无病采苗圃和无病留种地，培育无病种薯。无病单位不要到病区引种、买苗，杜绝病害的传入。

（三） 甘薯茎线虫病

甘薯线虫病也称糠心病、空心病、糠梆子花瓤等（图79）。1930年美国的斯梯乃尔最早在贮藏甘薯上发现该病。我国以山东、河北、北京和天津等地发病较重。该病主要危害薯块，其次是薯苗、薯蔓基部及粗根，不危害叶和细根，受害后表皮龟裂，内部糠腐。在贮藏期引起烂窖，育苗期引起烂床，受害后减产10%～50%，严重时绝收。该病为国内检疫对象。

图79　甘薯茎线虫病

1. 危害症状

甘薯苗期受害后，茎部变色，不表现明显病斑，组织内部呈褐色或白色和褐色相间的糠心；大田期受害，主蔓茎部表现褐色龟斑块，内部呈褐色糠心，病株蔓短，叶黄，生长缓慢，甚至枯死。薯块受害症状有三种类型：①糠皮型。薯皮皮层呈青色至暗紫色，病部稍凹陷或龟裂。②糠心型。薯块皮层完好，内部糠心，呈褐白相间的干腐。③混合型。生长后期发病严重时，糠皮和糠心两种症状同时发生，呈混合型。

2. 识别技术

甘薯茎线虫病在田间的识别主要是一掂、二敲、三看，受甘薯茎线虫侵染的薯块因线虫危害而中空，所以掂起来很轻，放在水中会浮起来，敲起来有咚咚的声音，薯块里白褐相间如丝瓜瓤一般。甘薯茎线虫病薯块在贮藏期容易与干的软腐病薯块、干腐病薯块相混，仔细看它们是有区别的，软腐病和干腐病薯块后期也会出现干心和空心状，但甘薯茎线虫病的危害是白褐相间（图80），而软腐病和干腐病薯块仅是黑褐色的，且有酒味。

图80　甘薯茎线虫病

1.薯苗茎部受害症状　2.薯块横切症状　3.薯块表皮症状

3. 防治方法

甘薯茎线虫病一旦发生，田间土壤、病薯、病苗及部分杂草均可成为翌年的侵染源，并随着茎线虫种群的不断积累，逐年加重。由于甘薯茎线虫寄主十分广泛，所以作物轮作也很难对其进行有效控制。近十年通过对甘薯茎线虫的田间虫量、侵入方式、寄主状态、不同部位趋性、外源激素影响、药剂种类和施用方法等方面的研究，形成了"选、控、封、防"的甘薯茎线虫病综合防治技术，在甘薯主产区进行示范推广，有效控制了甘薯茎线虫病的危害。该项技术已列入农业农村部主推技术。

（1）选。选用抗病品种，选用无病种薯。

①选用抗病品种。生产中应用的抗茎线虫病品种较多，如商薯19、济薯26、郑红22等。

②选用无病种薯。研究表明，种薯种苗是甘薯茎线虫远距离传播的主要途径。种薯带有茎线虫，排种出苗后14天，在薯苗的基部就可分离到茎线虫，成为初侵染源。种植时用药无法控制薯苗中茎线虫的危害，茎线虫从薯苗直接侵入薯块发病早、危害重，在大田中表现出严重的糠心状。所以，选用无病种薯是防控甘薯茎线虫发生的第一关。

（2）控。控制田间虫口基数，控制苗床茎线虫侵入速度，控制薯苗携带茎线虫。

①清洁田园，控制田间虫口基数是防控的主要措施。要控制田间虫口基数，在上年收获后，要把甘薯茎线虫病薯块清出大田，并集中消灭。

②喷施茉莉酸甲酯，控制苗床茎线虫侵入速度。在苗床期喷施茉莉酸甲酯，在一定时期内可控制茎线虫的侵入。

③采用高剪苗措施，控制薯苗带茎线虫入田。高剪苗是在距离苗床地面5厘米以上将薯苗剪下，可有效防止将种薯茎线虫和其他病害带入大田。

（3）封。封闭剪苗伤口。研究表明，茎线虫主要从薯苗移栽时基部的切口侵入，栽种时用药剂蘸根封闭剪苗伤口，可有效防止线虫侵入。

（4）防。在重病区配合使用药剂对茎线虫进行有效防控，可选用三唑磷、丁硫克百威等，或在当地农业技术人员指导下使用辛硫磷、噻唑膦等。

（四）甘薯病毒病

甘薯病毒病是危害甘薯的一类重要病害，可导致甘薯产量降低和品种变劣。我国甘薯上的病毒种类较多，甘薯植株感染病毒后，可表现为紫斑、花叶、明脉、皱缩以及植株矮化等症状，对甘薯生产造成严重影响。近年来，甘薯复合病毒病（SPVD）和甘薯双生病毒在我国甘薯上发生较为严重，扩散蔓延较快、局部暴发成灾，严重威胁我国甘薯安全生产。

1. 甘薯复合病毒病

SPVD是由甘褪绿矮化病毒（SPCSV）和甘薯羽状斑驳病毒（SPFMV）共同侵染甘薯引起的一种病毒病害（图81）。感染

图81　甘薯复合病毒病

SPVD的甘薯表现为叶片扭曲、皱缩、花叶、畸形以及植株严重矮化等症状。SPVD对甘薯产量影响极大，一般可使甘薯减产50%～90%，甚至绝收，是甘薯上的毁灭性病害。2012年我国首次报道SPVD，目前我国主要甘薯产区均有SPVD发生。SPVD已成为影响我国甘薯生产的重要限制因素之一。

2. 甘薯双生病毒

甘薯双生病毒（图82）是甘薯上一类重要的病毒，包含的种类最多。根据国际病毒分类委员会（ICTV）第十次报告，甘薯双生病毒包含13个种，目前我国甘薯上至少存在甘薯曲叶病毒（SPLCV）、甘薯中国曲叶病毒（SPLCCNV）、甘薯乔治亚曲叶病毒（SPLCGoV）、甘薯河南曲叶病毒（SPLCHnV）、甘薯四川曲叶病毒1（SPLCSiV-1）、甘薯四川曲叶病毒2（SPLCSiV-2）等8种双生病毒。甘薯双生病毒主要通过烟粉虱以持久方式进行传播。感染该类病毒的甘薯植株表现为叶片上卷、叶脉黄化、植株矮化等症状。甘薯双生病毒侵染甘薯一般可引起11%～86%的产量损失。

图82　感染甘薯双生病毒的植株

3.防治方法

应采取以培育无病种薯、种苗为中心的综合防治措施。

甘薯病毒病的发生和流行与种薯种苗带毒量、蚜虫和粉虱等传毒介体昆虫发生量以及品种抗病性等因素密切相关。因此，甘薯病毒病的防治应采取以种植脱毒品种、留种田检疫和苗床期剔除病苗为主要内容的综合防控措施。

（1）种植脱毒品种。种植脱毒甘薯是防治甘薯病毒病最有效的途径。加强脱毒繁育体系和繁育基地建设，严把种薯质量关。建立无病留田，推广种植脱毒甘薯，并采取隔离措施，防止病毒再感染。

（2）加强检疫措施。种薯种苗调运是远距离传播甘薯病毒病的主要途径，加强检疫，减少跨区远距离调运种薯种苗，可有效减少病毒病的远距离传播。加强留种田病害的检测和识别，发现病株及时拔除并销毁，将留种田种薯转为商品薯。

（3）加强病害的早期调查。加强苗床期病害的识别、调查和检测，发现疑似病株及时拔除，可有效减少大田病毒病的发病率和损失。

（4）介体昆虫防治。加强对甘薯田间介体昆虫的防治，特别是对留种田和苗期烟粉虱、蚜虫等介体昆虫的防治，可有效减少病毒病的发生和扩散蔓延。可在当地农业技术人员指导下适当考虑使用吡虫啉、啶虫脒或阿维菌素等药剂进行喷雾。药剂交替使用，可防止昆虫产生抗药性。

（五）甘薯疮痂病

甘薯疮痂病又叫缩芽病、甘薯麻疯病、硬秆病，病变部俗称狗耳朵、龙头等（图83），主要发生在我国东南沿海、台湾一些地

图83　甘薯疮痂病危害叶片和茎蔓

方。苗期发病时生长缓慢，不能及时采苗而耽误栽插。大田生长前期发病能减产30%～40%，中期发病减产20%～30%，后期发病减产10%左右。

1. 危害症状

疮痂病只危害甘薯的上部茎叶，尤其是嫩叶背面的叶脉最容易被感染。发病初期病斑为红色油渍状小斑点；之后随茎叶的生长而加大并突起，颜色转白或黄；突出部分呈疣状，逐渐木质化形成疮痂。疮痂处表皮粗糙，容易裂开，凹凸不平。叶片被害后常向里卷，严重时皱缩，不能伸展；嫩梢和顶叶受害时则短缩、直立或卷缩成木耳状。茎蔓被害后，最初呈现紫褐色圆形或椭圆形凸起的疮疤，后期凹陷，严重的疮疤连成片，生长停滞，在潮湿的环境中，病斑表面长出粉红色毛状的孢子盘。

2. 防治方法

选用抗病品种，坚持检疫，禁止从疫区调运薯、苗。坚持轮作，清除田间病残体，集中烧毁深埋。农药防治可用70%甲基硫菌灵500倍液浸苗10～15分钟，杀死附着在表面的病菌。大田发病初期用70%硫菌灵或50%苯并咪唑800～1 000倍液，每亩用量75升喷洒土面，以后隔1周再喷1次，防病效果更好。

（六）甘薯软腐病

甘薯软腐病又叫薯耗子、脓烂，是育苗期和贮藏期发生较普遍的病害之一。

1. 危害症状

病菌多从薯块两端和伤口侵入。得病后薯块变软，呈水渍状发黏，以后在薯块表面长出许多丝状物和黑色孢子，因此得名为薯耗子。被害部位薯皮很容易破裂，从伤口处流出黄色汁液，带有芳香酒气，以后变酸霉味，如薯皮不破，薯内水分逐渐消失成干缩的硬块（图84）。

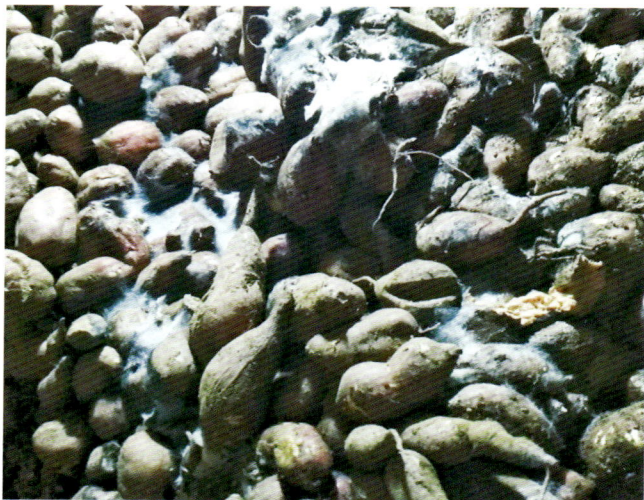

图84 甘薯软腐病危害

2.防治方法

尽量减少薯块破伤；适时收获，当天收当天入窖，不使薯块遭受冷、冻害；贮藏窖、育苗床要消毒，保持清洁。

（七）甘薯干腐病

甘薯干腐病（图85）是甘薯贮藏期的主要病害之一，在收获初期和整个贮藏期均可侵染危害。

图85　甘薯干腐病危害

1.危害症状

贮藏期干腐病有两种类型：一种是在薯块上散生圆形或不规则形凹陷的病斑，内部组织呈褐色海绵状，后期干缩变硬，在病薯破裂处常产生白色或粉红色霉层；另一种干腐病多在薯块两端发病，表皮褐色，有纵向皱缩，逐渐变软，薯肉深褐色，后期仅剩柱状残余物，其余部分呈淡褐色，组织坏死，病部表面生出黑色瘤状突起，似鲨鱼皮状。

2. 防治方法

适时收获，适时入窖，避免霜害。清洁薯窖，消毒灭菌。旧窖要打扫清洁，或将窖壁刨一层土，然后用硫黄熏蒸。种薯入窖前用50%甲基硫菌灵可湿性粉剂500 ～ 700倍液浸蘸薯块1 ～ 2次，晾干入窖。

（八）甘薯黑痣病

甘薯黑痣病是一种植物病，主要危害薯块的表层。我国甘薯产区均有发生。

1. 危害症状

甘薯黑痣病（图86）危害症状初生浅褐色小斑点，后扩展成黑褐色近圆形至不规则形大斑；湿度大时，病部生有灰黑色霉层；发病重的病部硬化，产生微细龟裂。受害病薯易失水，逐渐干缩，影响质量和食用价值。

图86　甘薯黑痣病危害症状

2.发病规律

病菌主要在病薯块上及薯藤上或土壤中越冬。翌春育苗时，引致幼苗发病，以后产生分生孢子侵染薯块。该菌可直接从表皮侵入，发病温度6～32℃，温度较高利其发病。夏秋两季多雨或土质黏重、地势低洼或排水不良及盐碱地发病重。

3.防治方法

选用无病种薯培育的壮苗。薯田注意排涝，降低土壤湿度。适时收获，避免薯块遭受霜冻。贮藏期温度要控制在12～15℃，如果温度低于9℃，甘薯易受冻害，诱发黑痣病或其他病害；若温度高于17℃，甘薯极易再发芽生根，且利于黑痣病的发生。

（九）甘薯冻害

甘薯在收获过晚或贮藏期保温防冷管理不好时，使薯块受冻引起的一种生理病害（图87）。但往往经软腐病菌或灰霉病菌侵染而导致薯块腐烂，甚至烂窖。

图87 贮藏期甘薯冻害

1. 危害症状

受冻薯块无光泽，刮开病薯，可见紧挨着薯皮的薯肉迅速变褐色。如果剖面马上变黑褐色，表明冻害较重；如经 2 ~ 3 分钟才表现出淡褐色，则冻害较轻。切面上没有白浆溢出，受冻薯块部分或全部组织形成硬核，煮后仍然坚硬不熟。

2. 发生规律

一种是收获过晚，薯块在田间或晒场上受到霜冻或雪害，受冻温度是 - 1.5℃ 以下。薯块在此低温下短时间就受害变质，生活力大减，易受病原真菌侵染危害。另一种是冬季封窖保温管理不好，窖内温度在 9℃ 以下时间较长，使薯块受冷发生冻害。温度低、时间长，受害重。

3. 防治方法

适期收获，一般以当地日平均气温在 15℃ 左右为宜；甘薯贮藏期温度要控制在 12 ~ 15℃，温度最低不能低于 9℃，否则甘薯易受冻害。

（十）薯田草害

农田杂草由于长期的自然选择，具有顽强的适应性。杂草根系发达，能够吸收大量的水分、养分，使土壤肥力无效地被消耗，减少了土壤对农作物水分、养分的供应。同时，杂草占据农作物生长发育的空间，降低农作物的光能利用率，影响光合作用，抑制作物生长。杂草还使田间郁蔽，给害虫产卵繁殖提供了丰富食料、产卵的场所和繁殖危害的条件；给病害蔓延提供了适宜的环境，扩大了病虫基数，加重了危害。此外，杂草滋生，增加了大田用工，提高了农业生产成本，给农业带来极大损失。在甘薯生产中，每年因杂草引起减产的比例在5%～15%，严重的地块，减产50%以上。为此，必须了解杂草特性和生育规律，掌握化学除草的具体技术，将草害控制到最低限度，为甘薯高产、稳产、优质、低耗创造良好条件。

1. 薯田杂草

薯田杂草种类很多，总计在100种以上，主要有马唐、狗尾草、苋菜、马齿苋、早熟禾、苍耳、藜、茅草、刺儿菜、香附子、鬼针草。

（1）薯田杂草的生物学特性。杂草具有结实力高的特性，绝大部分杂草结实力是一般农作物的几十倍或更多。杂草种子千粒重小于作物种子，一般在1克以下，十分有利于传播，如一株苋菜可结50万粒种子。杂草的传播方式是多种多样的，风传是最活跃的传播方式，如菊科等果实上有冠毛，便于风传；有的杂草果实有钩刺，可随其他物传播，如苍耳、鬼针草等；有的杂草种子可混在作物种子里、饲料或肥料中传播，也可借交通工具、农具等传播。

杂草种子成熟度不齐，但发芽率高、寿命长。荠菜、藜未完全成熟的种子更易发芽，马唐开花后4～10天就能形成发芽的种子；莎草、藜属、旋花属等杂草的种子寿命可达20年以上。成熟度不一，休眠长短也不同，故出草期长。

杂草的无性繁殖力和再生力很强，如在10厘米土层中，成活率可达80%；马齿苋被铲除后，经暴晒数日，仍能发根成活；香附子、茅草铲除后数天就长出新芽。

（2）杂草分类。薯田杂草多为旱地杂草。根据其生命长短、繁殖特点和营养性又可分为两大类：

①一年生杂草。一年繁殖1代或数代，多为春季发芽出苗，当

年开花结实，秋冬死亡；也有的杂草为秋季发芽出苗，当年形成叶簇，翌年夏季抽薹开花结实，如荠菜。

②多年生杂草。结实后仅地上部死亡，翌年春季从地下鳞茎或块根、块茎、地下根状茎等根系上重新萌芽，如野蒜、香附子、茅根、蒲公英、刺儿菜等都是利用无性繁殖器官多年生长，其中一部分种子还能生产发育。此外，杂草也可分为单子叶杂草和双子叶杂草等。

2. 化学除草

使用化学药剂来消灭杂草称为化学除草，这种化学药剂则统称为除草剂。

（1）除草剂的灭草原理。植物的生命活动是体内一系列生理生化过程与外界条件协调统一的结果。当除草剂作用于植物以后，会抑制光合作用和抑制催化生命活动的酶的活动，导致杂草死亡。

（2）甘薯田化学除草。采用垄上覆盖黑色地膜＋沟底喷施除草剂或透明地膜＋全面喷施除草剂的方法控制草害。甘薯苗栽植后、杂草出苗前（栽植后3～5天），进行土壤封闭，每亩用50%的异丙草胺乳油200～250克，兑水50～60千克，均匀喷雾。土壤封闭一个月左右，如果发现有杂草，可选用精喹禾灵等单子叶专用除草剂喷雾，每亩用8.8%精喹禾灵乳油30～50毫升，兑水50～60千克喷雾防除单子叶杂草。双子叶杂草需要人工拔除。

（3）注意事项。喷除草剂时，土壤要湿润，最好是下午4时后选择无风时段施药。栽薯秧时尽量不要翻动土层；施药后下雨可提高防效；土壤干旱时，每亩药液用量（兑水后）100千克；对出苗的3叶以下的小草也有效。土壤干旱时适当加大药液量。

（十一）甘薯天蛾

1. 危害症状

甘薯天蛾又称旋花天蛾，属鳞翅目天蛾科。幼虫（图88）危害甘薯、牵牛花、月光花等旋花科植物的叶片和嫩茎，还能危害葡萄、扁豆和赤小豆等。甘薯天蛾食量很大，严重时能把甘薯叶片吃光，使之成为光蔓，严重影响产量。该虫为偶发性害虫，成虫具有强趋光性，以下半夜上黑光灯最盛。飞翔力强，干旱时，成虫向低洼潮湿地带或降雨地区迁飞；若连续降雨，湿度过大，则迁向高地，故常形成局部地区严重发生。雨水少、旱情轻，则发生较轻；雨水多、旱情重，则发生较重。

图88　甘薯天蛾

2. 防治方法

（1）翻耕。秋末冬初和早春，甘薯茬地多犁多耙，破坏越冬环境，促使越冬蛹（图89）死亡，减少翌年虫源。

（2）诱杀。根据成虫的趋光性和吸食花蜜习性，可设黑光灯或用糖浆毒饵诱杀成虫，也可到蜜源多的地方网捕，以减少田间

图89　甘薯天蛾蛹

卵量。

（3）人工捕杀。幼虫发生盛期，结合田间管理进行人工捕杀。

（4）药剂防治。当每平方米有3龄前幼虫3 ～ 5头或每100叶有虫2头时，即可用药剂防治。可使用药剂：2.5％敌百虫粉喷撒，每亩1.5 ～ 2千克；90％晶体敌百虫1 000倍液、80％敌敌畏乳油1 500 ～ 2 000倍液、40％乙醚甲胺磷乳油800 ～ 1 000倍液、25％亚胺硫磷乳油600 ～ 800倍液或20％氰戊菊酯（杀灭菊酯）5 000倍液喷雾，每亩75升药液；用杀螟杆菌（100亿活孢子/克）或Bt乳剂500 ～ 700倍液喷雾，每亩75升药液。

（十二）甘薯叶甲

1. 危害症状

甘薯叶甲有两个不同亚种——甘薯叶甲指名亚种和甘薯叶甲丽鞘亚种，又称甘薯金花虫、甘薯华叶甲、甘薯华叶虫，属鞘翅目叶甲科。甘薯叶甲成虫（图90）是甘薯苗期的重要害虫，取食薯苗顶端嫩叶、嫩茎，被害茎上有条状伤痕。特别在幼苗期，常使薯苗顶端折断，幼苗生长停滞，甚至整株枯死，造成缺苗断垄，以致不得不翻耕重插。幼虫主要啃食土中薯块，将薯面吃成深浅不一的弯曲伤痕，甚至危害薯块内部，造成弯曲隧道，影响薯块膨大（图91）。被害薯块变黑发苦，不能食用，不耐贮藏。

图90　甘薯叶甲成虫

图91　甘薯叶甲幼虫危害薯块

2.防治方法

水旱轮作可有效降低甘薯叶甲的虫口数量。利用该虫假死性，在叶上早晚栖息时，将其振落到塑料袋内，集中消灭，或在甘薯移栽时施用辛硫磷；在成虫盛发期，用甲氨基阿维菌素苯甲酸盐喷雾防治。

（十三）甘薯麦蛾

1. 危害症状

甘薯麦蛾（图92）又称甘薯小蛾、甘薯卷叶蛾，属鳞翅目麦蛾科。在我国各地均有发生，南方各省份较重。甘薯麦蛾以幼虫吐丝卷叶，在卷叶内取食叶肉，留下白色表皮，状似薄膜。幼虫除危害叶片外，还能危害嫩茎和嫩梢。发生严重时，叶片大量卷皱，整片呈现"火烧现象"，严重影响甘薯产量。

2．防治方法

（1）清洁田园。甘薯收获后，及时清洁田园，处理残株落叶，铲除杂草，以消灭越冬蛹。

（2）捏杀幼虫。当薯田初见幼虫卷叶危害时，及时检查，捏杀新卷叶中的幼虫。

（3）诱杀。利用频振式杀虫灯在甘薯麦蛾发生高峰期进行诱杀，能很好地控制下一代的发生数量。利用性信息素引诱成虫，可使虫口下降率达82.9%～84.7%。甘薯麦释放性信息素的高峰期是在羽化后的1～3天，尤以第二天最强，因此要在成虫高峰期发生前做好诱捕准备。放置诱捕器的高度比甘薯叶部略高即可。

（4）药剂防治。在一至二龄幼虫大量发生导致严重危害时立即采取应急措施，因为此时幼虫抗药性弱，随着龄期的增大，抗药性会逐步增强。可选用低毒高效的药剂，如阿维·高氯氟、阿维菌素、高效氯氟氰菊酯或氟啶脲，在晴朗无风的下午进行喷雾防治，5～7天喷1次，连续喷3次。但需注意交替使用农药以及安全间隔期，避免使甘薯麦蛾产生抗药性以及造成农药残留。

图92　甘薯麦蛾
1.甘薯麦蛾幼虫　2.甘薯麦蛾成虫
3.甘薯麦蛾危害状

（十四）蛴螬

蛴螬（图93）是金龟子的幼虫，属鞘翅目金龟甲科，其种类有40余种。危害甘薯的主要有华北大黑鳃金龟子、东北大黑鳃金龟子、铜绿金龟子、暗褐金龟子、黄褐金龟子等。

图93　蛴螬危害

1. 形态特征

（1）华北大黑鳃金龟子。成虫体长16～21毫米、宽8～11毫米，长椭圆形，体黑色，鞘翅上各3条纵隆纹，臀节宽大呈梯形，中沟不明显，背板平滑下伸。幼虫体长37～45毫米，头部前顶刚毛每侧各3根成一纵列，肛门孔三裂，腹毛区有刚毛群。

（2）东北大黑鳃金龟子。成虫体大小、体色与华北大黑鳃金龟子相似，鞘翅上有4条明显纵隆纹，臀板短小，近三角形，背板呈弧形下弯。幼虫体长35～45毫米，头部前顶刚毛每侧各3根成一纵列，腹毛区刚毛散生。

（3）铜绿金龟子。成虫体长18～21毫米、宽8～11毫米，头及鞘翅铜绿色，有光泽，两侧边缘处呈黄色，腹部黄褐色。幼虫体长30～33毫米，肛门横裂，刺毛纵向平行两列，每列由11～20根长针状刺组成。

（4）暗褐金龟子。成虫体长17～22毫米、宽9～12毫米，长椭圆形，体黑褐色，无光泽，全身有蓝白色细毛，鞘翅上有4条纵隆纹，两翅会合处有较宽的隆起。幼虫头部前顶刚毛每侧各1根，位于冠缝两侧，其他特征与华北金龟子幼虫相似。

（5）黄褐金龟子。成虫体长15 ～ 18毫米、宽7 ～ 9毫米，体淡黄褐色，鞘翅密布刻点，并有3条暗色纵隆纹，腹部密生细毛。幼虫体长25 ～ 35毫米，肛门横裂，刺毛纵列两行，后段向后呈"八"字形叉开。

2. 生活规律

蛴螬危害与土壤温度有很大关系：如华北大黑鳃金龟子幼虫，在10厘米深土层地温达到10℃时，开始向上移动，16℃时上升至耕层土壤15 ～ 20厘米处，17.7 ～ 20℃时为活动盛期，6—8月地温过高时，多从耕层土壤下移，9—10月温度又下降到 20℃ 左右，又上升至表土，地温下降到6℃以下时移至30 ～ 40厘米土层越冬。

土壤湿度与蛴螬活动关系密切，土壤黏重时发生相对较重，靠近树林的田块产卵多、受害也重。金龟子类趋光性较强，并有假死性，有利于灯光诱杀。

3. 危害虫态和方式

蛴螬幼虫和成虫均可危害甘薯，以幼虫危害时间最长。金龟子危害甘薯的地上部幼嫩茎叶，蛴螬则危害地下部的块根和纤维根，造成缺株断垄、薯块形成伤口，病菌易乘虚而入，加重甘薯田间和贮藏腐烂率。

4. 防治方法

（1）农业防治。清除田间、田埂以及地边等地块的杂草，以减少幼虫、成虫的生存繁殖场所，破坏它们的生存条件。在秋季或初冬深翻土壤，破坏越冬幼虫及其生存环境，减少害虫越冬基数。水旱轮作或尽量避免与大豆和花生轮作，有利于减轻蛴螬的危害。

（2）物理防治。充分利用金龟子的趋光性，每30 ～ 50亩设置频振式杀虫灯一盏，或每30亩设置黑光灯一盏，可有效诱杀成虫。

（3）生物防治。绿僵菌的孢子萌发可穿透蛴螬体壁，利用害虫体内的营养物质进行生长发育，最终导致害虫死亡，可适当使用绿僵菌颗粒剂进行防控。

（4）化学防治。在栽插时沟施或穴施丁硫·克百威、辛硫磷颗粒剂控制蛴螬的发生与危害；在金龟子出土盛期，于傍晚喷施高效氯氟氰菊酯防治大黑鳃金龟子、暗黑金龟子和铜绿金龟子成虫。

（十五）金针虫

金针虫（图94）属鞘翅目叩甲科，成虫俗名叩头虫，幼虫别名铁丝虫。金针虫种类很多，主要有钩金针虫、细胸金针虫、沟金针虫，主要分布在河南、河北、陕西、山东、辽宁及山西南部，细胸金针虫多分布于山东、河南、山西等地。除危害甘薯（图95）外，还危害棉花、豆类及小麦、玉米等禾谷类作物。

图94　金针虫幼虫

图95　金针虫危害薯块

1. 形态特征

钩金针虫呈黄色，虫体肥大、扁平，老熟幼虫体长20～30毫米、宽约4毫米，尾节褐色，有二分叉并稍向上弯曲；细胸金针虫也为黄色，虫体稍圆而细长，体长8～9毫米、宽约2.5毫米，尾节圆锥状。

2.生活规律

钩金针虫2～3年完成一个世代。以成虫或幼虫在土中越冬，翌年3月开始活动，成虫以4—5月最盛。交尾后即在土壤7厘米处产卵，卵期约2周，幼虫孵化后立即开始危害，以幼虫态危害时间可达2年多。老熟后潜入土下1.3～1.7厘米处造一土室化蛹，蛹经20天后即化为成虫。春季雨水多，土壤湿润有利于金针虫活动，危害重。土壤过旱或过湿（如浇水）则发生轻。金针虫在地下咬食甘薯幼茎，或咬破茎部钻入茎内食害，薯被害后发黄萎蔫而死，造成大量缺株。

3.防治方法

（1）农业防治。冬季深翻，可直接杀死部分蛹或幼虫，也可把土壤深处的蛹或幼虫翻至地表，使其遭受不良环境或天敌的侵袭，以降低金针虫的虫口密度；及时清除杂草，减少其食物来源，也可有效降低金针虫的虫口数量。此外，在茬口安排上尽量避免小麦或玉米茬等种植甘薯，也可减轻金针虫的危害。

（2）物理防治。利用金针虫的趋光性，在田间地头设置杀虫灯，诱杀成虫。试验证明，黑绿单管双光灯对金针虫诱杀效果更为理想。此外，在日本以及欧美等国家和地区广泛应用性信息素诱杀防治金针虫，可获得较好的防控效果。

（3）化学防治。在田间堆放厚8～10厘米略萎的鲜草撒布敌百虫粉，每亩50堆，或用氯氟氰菊酯兑水与适量炒熟的麦或豆饼混合制成毒饵，于傍晚顺垄撒入甘薯茎基部，可诱杀该虫。在栽插薯苗时，沟施或穴施丁硫·克百威和辛硫磷。

（十六）地老虎

此虫属鳞翅目夜蛾科，幼虫俗称土蚕、地蚕、切根虫。杂食性强，除危害甘薯外，对棉花、玉米、高粱、烟草等都有严重危害。

1. 形态特征

成虫：体长16～23毫米，翅展42～54毫米。体灰褐色。触角深黄褐色，雌虫为丝状，雄虫为栉齿状。前翅有肾形斑、环形斑、棒形斑位于其中，后翅色淡、为灰白色。卵：初产淡黄色，后呈灰褐色。幼虫：老熟幼虫体长37～50毫米，头宽3～3.5毫米。体色由黄褐色至暗褐色。蛹：体长18～24毫米红褐色或暗褐色。尾端黑色，有刺2根。

2. 生活规律

小地老虎一年发生数代，黄淮地区3～4代，广西可达7代。越冬代成虫发生盛期华北地区为4月下旬至5月上旬，第一代幼虫严重危害春播作物幼苗。成虫昼伏夜出，有趋光性、迁飞习性、趋化性。卵散产，每头雌虫产卵800～1 000粒，卵期7～13天。初孵幼虫取食心叶，3龄后晚上咬断嫩茎（图96），若是其他作物幼小苗时，可拉进洞里食用。黄淮流域第一代幼虫危害盛期在5月。土壤湿度大危害严重，低洼地、沿河灌区、田间荫蔽、杂草丛生的地块发病重。

图96　地老虎危害

3. 防治方法

（1）农业防治。杂草丛生

地块是地老虎产卵的主要场所，清除杂草对防治地老虎有一定效果，早春清除农田及周边杂草是防止小地老虎产卵的关键环节。深秋或初冬深耕翻土细耙不仅能直接杀灭部分越冬的蛹或幼虫，也可将蛹或幼虫暴露于地表降低其存活率，或遭天敌昆虫捕食。此外，在有水利条件的地区，针对地老虎的栖息地结合农事操作，进行灌溉，也可有效降低其虫口密度。

（2）物理防治。在小地老虎盛发期，用糖醋液诱杀成虫，按糖3份、醋4份、酒1份、水2份，再加1份菊酯类杀虫剂调匀配成诱液，将诱液放在盆里，傍晚置于田间，位置距地面1米左右。另外，利用成虫的趋光性，在田间安装频振式杀虫灯，每盏灯可控制15亩的范围。

（3）化学防治。针对不同龄期的幼虫，应采用不同的施药方法。幼虫3龄前用喷雾、喷粉或撒毒土进行防治；3龄后，田间出现断苗可用毒饵或毒草诱杀。可喷施氯虫苯甲酰胺、辛硫磷或氯氰菊酯，或选用溴氰菊酯或辛硫磷加水适量，喷拌细土50千克配成毒土，顺垄撒施于薯苗根际附近。一般虫龄较大时可采用毒饵诱杀。可选用敌百虫或辛硫磷，兑水2.5 ～ 5.0升，喷在50千克碾碎炒香的豆饼或麦麸上，于傍晚在受害作物田间每隔一定距离撒一小堆。

（十七）甘薯蚁象

甘薯蚁象又称甘薯小象甲，俗称臭心虫、樟木虫等，主要分布于热带、亚热带地区，并逐步向温带地区扩展蔓延。在我国主要分布于台湾、福建、海南、广东、广西、湖北、重庆等地。

1. 形态特征

成虫（图97）形似蚂蚁，雄虫体长5.077毫米，雌虫体长4.8 ～

7.9毫米。初羽化时呈乳白色，后变褐色，最后为蓝黑色。全身除触角末节、前胸和足呈橘红色或红褐色外，其余均为蓝黑色，具金属光泽。头部向前延伸如象鼻。幼虫近长筒形，两端小，背面隆起稍向腹侧弯曲。头部淡褐色，胸腹部乳白色，体表疏生白色细毛。足退化，成熟幼虫体长7～8毫米（图98）。

图97　甘薯蚁象成虫

2. 发生与危害

甘薯蚁象不仅在甘薯生长期危害，贮藏期也继续危害。薯块被害后恶臭，不能食用。薯块被虫蛀食，钻成许多伤口和孔道（图99）。甘薯蚁象也危害幼苗，成虫取食茎叶，严重影响植物生长。甘薯蚁象甲为国内植物检疫对象。

图98　甘薯蚁象幼虫

甘薯蚁象每年发生的代数因地而异，3～8代不等。发生的地区都是世代重叠，在田间无法区分。它白天藏在叶背面，危害主脉、叶柄和茎，也潜藏在地面裂缝里危害薯梗，黄昏爬出土面活动。成虫钻入薯块蛀食，造成许多孔道；幼虫在薯中

图99　甘薯蚁象为害薯块

化蛹，后来羽化为成虫，如此世代辗转危害成灾。

3. 防治方法

（1）植物检疫。严格执行检疫规定，以防虫随种薯、种苗调运而传播蔓延。收获时清洁田园，毁灭残薯、遗株、断藤、落叶、杂草以消灭田间残虫。生长期间用药。

（2）化学防治。在甘薯蚁象发生初期或薯秧封垄前，将毒土撒施在地表，通过药剂触杀可杀死在地表活动的成虫。如遇到干旱季节，还可通过对甘薯灌根施用二嗪磷控制甘薯蚁象，降低危害。

（3）性诱剂诱捕。每亩放置2～3个诱芯，间隔15～18米，每2个月换1次诱芯。春冬诱捕时把诱捕器直接埋于土中，诱捕器上口露出地面5厘米，在甘薯生长期使诱捕器上口高出薯蔓。

（4）生物防治。将白僵菌制剂拌细沙制成菌土，均匀撒施于薯田内。日本学者提出，在性诱剂诱捕器的底部留有开口，施入白僵菌粉剂，蚁象雄虫在进入诱捕器后，可与白僵菌接触，并由诱捕器的底部开口逃离诱捕器。蚁象雄虫在接触白僵菌后受到白僵菌的侵染，并在与雌虫交配中将白僵菌传染给雌虫，也可在一定程度上控制甘薯蚁象。

（十八）甘薯长足象甲

甘薯长足象甲又名甘薯大象甲。

1. 发生与危害

危害甘薯、蕹菜、大豆、向日葵、桑、柑橘、马铃薯等作物，但幼虫仅能取食甘薯、蕹菜等旋花科植物。成虫嗜食甘薯嫩茎、嫩梢、叶柄，常致折断枯死，幼虫常在薯藤基部钻蛀并藏身其中，被害茎秆膨大成虫瘿，以致瘿上部分生长不良，主茎受害则明显影响结薯。

甘薯长足象甲在分布地区的北部，多数1年发生1代，少数2年发生3代；在南部1年发生2～3代，少数2年发生5代，各世代重叠。

以成虫在岩石、土缝、树皮隙缝或越冬薯及薯田附近的野牵牛等植物上越冬，少数末龄幼虫，也可以在冬薯的虫瘿或冬薯藤内越冬。羽化后成虫在虫瘿内停留一两天后外出，善爬，不善飞，具假死性。交配后即产卵，大多产在薯蔓近节处。幼虫孵化后蛀入茎部取食，被害部受刺激后形成虫瘿，影响水分和养料输送，成长幼虫即在瘿内化蛹。

2.防治方法

清除遗株、残薯及野牵牛等野生植物，可消灭大量越冬虫源。5—6月可在新插薯田或苗床捕杀成虫，这时成虫多集结在甘薯茎上，有利于集中捕杀，连续几次可见效。捕杀在清晨或黄昏进行。

参考文献

尹秀波，韩冰，苏玉国，2004.甘薯优质高产栽培技术.北京:中国农业出版社.

张立明，汪宝卿，2015.甘薯高产高效栽培十大关键技术.北京:中国农业科学技术出版社.

尹秀波，李俊良，2016.甘薯绿色高产高效种植技术.北京:中国农业出版社.

全国农业技术推广服务中心，国家甘薯产业技术研发中心，2021.甘薯品种与良种繁育手册.北京:中国农业出版社.

全国农业技术推广服务中心，国家甘薯产业技术研发中心，2021.甘薯主要病虫害防治手册.北京:中国农业出版社.

附录　甘薯周年管理技术月历

春甘薯（生育期150～170天）

3月至4月上旬育苗（30～35天）；

4月下旬至5月上旬栽植；

6月上中旬形成块根（栽植后35～40天）；

6月中旬至7月中旬第一次块根膨大高峰期（栽植后40～70天）；

7月中旬至8月底块根膨大缓慢（栽植后70～110天）；

9月第二次块根膨大高峰期（栽植后110～140天）；

10月块根膨大逐渐减慢；

10月初至10中旬收获；

收获后贮藏。

夏甘薯（生育期110～120天）

4月下旬至5月上旬（谷雨至立夏）育苗（30天左右）；

6月中下旬（夏至前）栽植；

7月上旬至7月下旬形成块根（栽植后20天左右）；

7月下旬至8月下旬块根膨大（栽植后30～60天）；

8月下旬至9月底块根膨大高峰期（栽植后60～90天）；

10月初至10中旬块根膨大逐渐减慢；

10月中旬收获；

收获后贮藏。